ディジタル信号処理

貴家 仁志 [著]

Ohmsha

本書を発行するにあたって，内容に誤りのないようできる限りの注意を払いましたが，本書の内容を適用した結果生じたこと，また，適用できなかった結果について，著者，出版社とも一切の責任を負いませんのでご了承ください．

本書は，「著作権法」によって，著作権等の権利が保護されている著作物です．本書の複製権・翻訳権・上映権・譲渡権・公衆送信権（送信可能化権を含む）は著作権者が保有しています．本書の全部または一部につき，無断で転載，複写複製，電子的装置への入力等をされると，著作権等の権利侵害となる場合があります．また，代行業者等の第三者によるスキャンやデジタル化は，たとえ個人や家庭内での利用であっても著作権法上認められておりませんので，ご注意ください．

本書の無断複写は，著作権法上の制限事項を除き，禁じられています．本書の複写複製を希望される場合は，そのつど事前に下記へ連絡して許諾を得てください．

出版者著作権管理機構
（電話 03-5244-5088，FAX 03-5244-5089，e-mail: info@jcopy.or.jp）

JCOPY <出版者著作権管理機構 委託出版物>

まえがき

　1965 年に J. W. Cooley 及び J. W. Tukey により高速フーリエ変換 (FFT) が導入されて以来，ディジタル信号処理はめざましい発展を続けている．LSI やコンピュータの進歩がその発展を支えたことはもちろん，B. Gold, C. Rader, A. V. Oppenheim を初めとする多くの研究者の優れた研究及び著作により，ディジタル信号処理は体系的に整理され普及した．さらに発展の根底には，従来のアナログ技術と比べたとき，この方法の持つ素晴らしい有効性がある．その結果，産業界のマルチメディアへの期待と共に，極めて広範囲な分野において必須な技術となっている．

　このような背景から，大学や高専における専門教育においても，回路理論や電磁気学に並び，あるいはそれらに置き代わる基礎科目としていまやディジタル信号処理は重要な位置にある．そこで，ディジタル信号処理の専門家の養成ばかりではなく，他の専門を学ぶ前の基礎科目として，また他分野のエンジニアのためのテキストが必要であると考えた．同時に，具体的で分かり易く，かつ基礎科目としての性格から，適切な例題や演習をできる限り豊富に導入することを心掛けた．また，マルチメディアという時代の流れを考慮して，画像信号の取り扱いも同時に身に付くように配慮している．本書が教育の場や企業の現場において何らかの手助けになれば幸いである．

　最後に，本書の執筆において有益な助言を頂いた東京都立工業高等専門学校講師小林弘幸氏に謝意を表す．末筆ながら，本書の執筆の機会を頂いた昭晃堂社長阿井國昭氏，また小林，橋本両氏にここにお礼を申し上げる．

1997 年 3 月

貴家　仁志

目　　次

1　ディジタル信号処理とは

1.1　アナログ信号とディジタル信号……………………………………… 1
　1.1.1　信号のサンプリングと量子化 ………………………………… 2
　1.2.2　信号の分類 ……………………………………………………… 6
1.2　信号の表現法…………………………………………………………… 8
1.3　信号の処理手順…………………………………………………………10
　1.3.1　ディジタル信号処理の処理手順 ………………………………10
　1.3.2　ディジタル信号処理の利点 ……………………………………11
演習問題 ………………………………………………………………………12

2　信号処理システム

2.1　信号処理システムとは…………………………………………………13
2.2　信号例とその性質………………………………………………………15
　2.2.1　代表的な信号例 …………………………………………………15
　2.2.2　インパルスの性質 ………………………………………………16
2.3　線形時不変システム……………………………………………………18
　2.3.1　線形性と時不変性 ………………………………………………18
　2.3.2　たたみ込みとインパルス応答 …………………………………21
2.4　システムの実現…………………………………………………………23
　2.4.1　たたみ込みの計算法 ……………………………………………23
　2.4.2　ハードウェア実現 ………………………………………………25
　2.4.3　フィードバックのあるシステム ………………………………27
　2.4.4　定係数差分方程式 ………………………………………………29
2.5　システムの安定性と因果性の判別……………………………………32
演習問題 ………………………………………………………………………35

3　z 変換とシステムの伝達関数

3.1　z 変換 …………………………………………………………………37
　3.1.1　z 変換の定義 ……………………………………………………37
　3.1.2　z 変換の性質 ……………………………………………………39
3.2　システムの伝達関数 …………………………………………………41
　3.2.1　システムの伝達関数 ……………………………………………41
　3.2.2　再帰型システムの伝達関数と極 ………………………………44
3.3　逆 z 変換とシステムの安定性 ………………………………………48
　3.3.1　逆 z 変換の計算法 ………………………………………………48
　3.3.2　極によるシステムの安定判別 …………………………………50
3.4　システムの周波数特性 ………………………………………………52
　3.4.1　システムの周波数特性とは ……………………………………52
　3.4.2　伝達関数と周波数特性 …………………………………………55
　3.4.3　周波数特性の描き方 ……………………………………………57
3.5　システムの縦続型構成と並列型構成 ………………………………61
演習問題 ………………………………………………………………………63

4　信号の周波数解析とサンプリング定理

4.1　周波数解析とは ………………………………………………………65
4.2　周期信号のフーリエ解析 ……………………………………………68
　4.2.1　フーリエ級数 ……………………………………………………68
　4.2.2　離散時間フーリエ級数 …………………………………………74
4.3　非周期信号のフーリエ解析 …………………………………………80
　4.3.1　フーリエ変換 ……………………………………………………80
　4.3.2　離散時間フーリエ変換 …………………………………………82
4.4　離散時間フーリエ変換の性質 ………………………………………86
4.5　サンプリング定理 ……………………………………………………89
演習問題 ………………………………………………………………………92

5 高速フーリエ変換と窓関数

- 5.1 周波数解析法の問題点 …………………………………………95
- 5.2 離散フーリエ変換 …………………………………………………96
- 5.3 高速フーリエ変換 …………………………………………………99
  - 5.3.1 DFTの演算量 …………………………………………………99
  - 5.3.2 FFTアルゴリズム ……………………………………………101
  - 5.3.3 IFFTアルゴリズム ……………………………………………108
- 5.4 窓関数による信号の切り出し …………………………………109
  - 5.4.1 窓関数とその影響 ……………………………………………109
  - 5.4.2 代表的な窓関数 ………………………………………………113
- 演習問題 ………………………………………………………………117

6 ディジタルフィルタ

- 6.1 ディジタルフィルタとは ………………………………………118
  - 6.1.1 アナログフィルタとディジタルフィルタ …………………118
  - 6.2.1 ディジタルフィルタの分類 …………………………………119
- 6.2 理想フィルタと実際のフィルタ ………………………………122
- 6.3 直線位相フィルタ ………………………………………………124
  - 6.3.1 直線位相特性の必要性 ………………………………………124
  - 6.3.2 直線位相フィルタ ……………………………………………127
  - 6.3.3 窓関数によるFIRフィルタの設計 …………………………132
- 6.4 ディジタルフィルタの構成法 …………………………………134
- 演習問題 ………………………………………………………………138

7 ディジタル画像の表現

- 7.1 画像信号の表現 …………………………………………………140
  - 7.1.1 画像の分類 ……………………………………………………140

iv　目　　次

　　7.1.2　ディジタル画像信号 ……………………………………………141
　　7.1.3　カラー画像 ………………………………………………………145
7.2　簡単な画像処理 …………………………………………………………147
　　7.2.1　画像の濃度補正 …………………………………………………147
　　7.2.2　画像の階調変換 …………………………………………………149
　　7.2.3　画像の拡大 ………………………………………………………150
7.3　多次元正弦波信号 ………………………………………………………152
　　7.3.1　2次元正弦波信号 ………………………………………………152
　　7.3.2　サンプリング ……………………………………………………154
7.4　画像信号のフーリエ解析 ………………………………………………156
演習問題 …………………………………………………………………………162

8　画像のフィルタ処理

8.1　代表的な多次元信号 ……………………………………………………164
　　8.1.1　代表的な信号例 …………………………………………………164
8.2　多次元ディジタルフィルタ ……………………………………………166
8.3　z変換とフィルタの周波数特性 ………………………………………170
　　8.3.1　2次元信号のz変換 ……………………………………………170
　　8.3.2　伝達関数と周波数特性 …………………………………………172
　　8.3.3　分離型フィルタ …………………………………………………174
8.4　フィルタと処理例 ………………………………………………………176
演習問題 …………………………………………………………………………178

文　　献 …………………………………………………………………………181
演習問題解答 ……………………………………………………………………183
索　　引 …………………………………………………………………………193

1 ディジタル信号処理とは

ディジタル信号処理の詳細な説明の前に，この章では，ディジタル信号処理とは何か，ディジタル信号とアナログ信号との違い，信号の表現方法について述べる．

1.1 アナログ信号とディジタル信号

自然界には種々の信号が存在し，我々に重要な情報を常に提供している．例えば，会話の際には音声が，日々の生活には視覚情報としての画像情報が不可欠である．脳波や心電図は体の健康状態に関する情報を，地震波は地震の震源地や規模の情報を与える．このような自然界の信号は，本来，すべてアナログ信号 (analog signal) である．

一方近年，このような信号は，コンピュータに代表されるように，ディジタル回路で処理されることが多い．これは，アナログ回路による処理に比べ，後で述べるように，ディジタル処理には多くの利点が存在するためである．**ディジタル信号処理** (digital signal processing) とは，このように，本来アナログであった信号をコンピュータやディジタル回路を用いて代数的演算 (加減算，乗除算) により処理する方式をいう．

しかし，コンピュータはアナログ信号を直接取り扱うことができない．そのために，アナログ信号を，一度ディジタル信号に変換し，処理を行う必要がある．図1.1は，以上の背景について，図的に説明したものである．以下では，まずアナログ信号とディジタル信号の違いから考えてみよう．

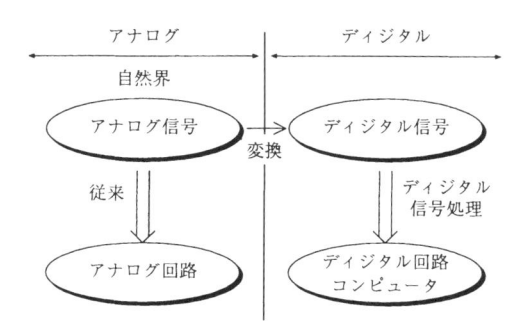

図 1.1　ディジタル信号処理とは

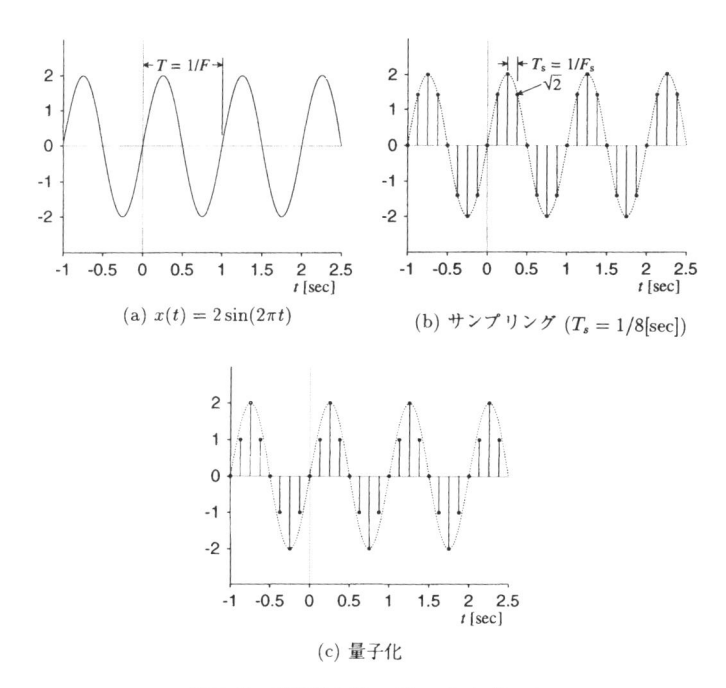

図 1.2　正弦波信号 $x(t) = 2\sin(2\pi t)$

(a) $x(t) = 2\sin(2\pi t)$
(b) サンプリング ($T_s = 1/8$[sec])
(c) 量子化

1.1.1　信号のサンプリングと量子化

（1）　正弦波信号

図 1.2(a) の信号 $x(t)$ を例として考えよう．この信号は

$$x(t) = A\sin(\Omega t + \theta) \tag{1.1}$$

と表現され，正弦波信号と呼ばれる．ただし，t は秒 (second, sec と略記) を単位とする時間であり，Ω(オメガ)†は角周波数であり，

$$\Omega = 2\pi F \ [\mathrm{rad/sec}] \tag{1.2}$$

$$F = 1/T \ [\mathrm{Hz}] \tag{1.3}$$

の関係にある．ここで，T は正弦波の**周期**，$F = 1/T$ は周波数であり単位は Hz(ヘルツ) である．ラジアン (radian, rad と略記) は角度の単位で，360 度が $2\pi[\mathrm{rad}]$，180 度が $\pi[\mathrm{rad}]$ である．A は**大きさ** (あるいは振幅) であり，θ(シータ) は**初期位相**と呼ばれ，ラジアンを単位とする．

図 1.2(a) の信号は，式 (1.1) において，$A = 2$, $F = 1$ [Hz], $\theta = 0$ [rad] と選んだ場合に相当する．すなわち，$x(t) = 2\sin(2\pi t)$ である．信号はすべての時間で定義され，大きさが 2 から -2 の範囲で周期的に変化するようすがわかる．この信号は，代表的なアナログ信号の一例である．

【**例題 1.1**】 図 1.2(a) の信号 $x(t) = 2\sin(2\pi t)$ を余弦波 (cos) を用いて表せ．

【**解答**】 $x(t) = 2\cos(2\pi t - \pi/2)$ と表される．正弦波と余弦波の違いは初期位相の違いと解釈できる．従って，本書では両者を特に区別せずに，正弦波信号と呼ぶ． □

---

(2) **サンプリング**

次に図 1.2(b) に示すように，信号の値を離散的な時間で抜き出す操作を考えよう．このような操作を時間の**サンプリング** (sampling, 標本化)，抜き出された信号の値を**サンプル値** (sampled value) という．アナログ信号をディジタル信号に変換する際に，まず最初に，このサンプリングの操作が必要である．

サンプリングの操作は，図 1.2(b) に示すように，一定の時間間隔 T_s で行われる．この時間間隔 T_s を，**サンプリング周期** (sampling period) または**サンプリング間隔**という．また，その逆数を用いて表現される

---

† 本書では，1.2 で説明する正規化表現で小文字を使用するため，ここでは大文字を使用する．

$$F_s = 1/T_s \tag{1.4}$$
$$\Omega_s = 2\pi F_s \tag{1.5}$$

を，それぞれ**サンプリング周波数** (sampling frequency)，**サンプリング角周波数** (sampling angular-frequency) という．サンプリングの際に F_s をどのような値に選ぶか，つまりどのような細かさで，信号をサンプリングするかという問題は，非常に重要な問題であり，後の章でさらに検討される．

【 例題 1.2 】 周波数 $F = 1$ [Hz]，$F' = 5$ [Hz] の正弦波を，それぞれサンプリング周波数 $F_s = 4$ [Hz] でサンプリングする．その結果得られる時間信号を図示せよ．

【解答】 図1.3を得る．元の正弦波が異なっていても，サンプリングにより得られる信号が同じになることがあることに注意してほしい．このようにサンプル値が一致する条件は，演習問題 (6) で考える． □

【 例題 1.3 】 コンパクトディスク (CD) では，オーディオ信号をディジタル信号に変換する際，$F_s = 44.1$[kHz] のサンプリング周波数を用いている．サンプリング周期を求めよ．

【解答】 式 (1.4)から，$T_s = 1/F_s = 22.676 \times 10^{-6}$[sec] と求まる． □

(a) $F = 1$[Hz], $F_s = 4$[Hz]   (b) $F' = 5$[Hz], $F_s = 4$[Hz]

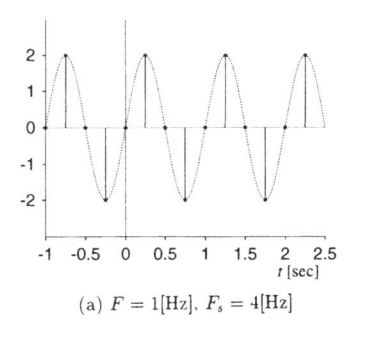

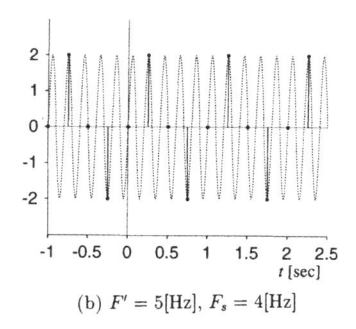

図 1.3 正弦波のサンプリング例 ($F_s = 4$[Hz])

(3) 量子化

アナログ信号をディジタル信号に変換する際に、サンプリング操作の次に、**量子化** (quantization) という操作が必要となる。これは、各サンプル値を、例えば 4 ビットや 8 ビットのように、有限な桁数の 2 進数で表すための操作である。

再び、図 1.2 に着目しよう。図 1.2(a) の信号は、大きさの上限と下限は 2 と −2 に決まっている。しかし、各時刻での信号の値の種類は無限個であり、明らかにそれらのすべてを有限な桁数の 2 進数で表すことはできない。

図 1.2(b) の各サンプル値を、5 種類の値 $(2, -2, 0, 1, -1)$ を用いて表現しよう。これらの 5 種類の値は、3 ビットの 2 進数で表せることは自明である (010, 110, 000, 001, 101)[†]。しかし、各サンプル値はこの 5 種類の値に一致するとは限らない。そこで、サンプル値を 5 種類の値で表現するためには、各サンプル値に最も近い値を 5 種類の値から選び出し、その値でサンプル値を置き換えるという操作が必要となる。

図 1.2(c) は、各サンプル値を小数点以下第 1 位で四捨五入して、5 種類の値に置き換えた結果である。このように有限種類の値に置き換える操作を量子化という。量子化の操作により、明らかに、サンプル値は、元の値と異なった値を持つことになる。量子化後の値と元のサンプル値の差を**量子化誤差** (quantization error) という。

(4) 量子化ステップ

図 1.2(c) の量子化処理について、もう少し一般的に説明しよう。いま、**量子化ステップ**と呼ばれる Δ (デルタ) という量を考える。次に、サンプル値 $x(nT_s)$ (n: 整数) に対して、

$$s(nT_s) = \text{round}\left[\frac{x(nT_s)}{\Delta}\right] \tag{1.6}$$

を計算する。ここで、round$[y]$ は、値 y を小数点以下第 1 位で四捨五入する操作を意味する。表 1.1 にまとめるように、$\Delta = 1$ と選んだ場合の結果が図 1.2(c) である。また、この $s(nT_s)$ は、$x(nT_s)$ の値が有限であれば、有限桁の 2 進数で表すことができる。Δ を小さな値に選ぶほど (例えば、$\Delta = 0.5$)、サンプル値

[†] 2 進数の負の表現として、最上位ビットに 1 を付ける絶対値表現を使用している。

表 1.1 量子化ステップΔとディジタル信号

n	$x(nT_s)$	$\Delta=1$ $s(nT_s)$	2進数	$\Delta=0.5$ $s(nT_s)$	2進数
0	0	0	000	0	0000
1	$\sqrt{2}$	1	001	3	0011
2	2	2	010	4	0100
3	$\sqrt{2}$	1	001	3	0011
4	0	0	000	0	0000
5	$-\sqrt{2}$	-1	101	-3	1011
6	-2	-2	110	-4	1100
7	$-\sqrt{2}$	-1	101	-3	1011

を表す$s(nT_s)$の種類は増え，量子化誤差は低減する（量子化誤差は$[-\Delta/2\sim\Delta/2]$の範囲）．その反面，サンプル値の表現に多くのビット数が必要となる（表1.1の$\Delta=0.5$では4ビット）．また，$s(nT_s)\times\Delta$を求めると，量子化誤差を含んだ元の信号を復元することができる．例えば，表1.1より，$1\times\Delta=1\times1=1$，$3\times\Delta=3\times0.5=1.5$となり，後者（$\Delta=0.5$の選択）が$\sqrt{2}$をより正確に表現していることがわかる．

【**例題 1.4**】 画像信号を量子化し，画質の違いを確認せよ．

【**解答**】 図1.4に画像の例を示す．この画像は画素と呼ばれる点の集まりであり，その縦横の個数は512×512である．画像（厳密には静止画像）は時間信号ではないが，画素をつくる操作がサンプリングに相当する．各画素の値は輝度に対応する．8ビットでは，$2^8=256$種類の明るさの違いを表現できる．画素を表すビット数が少ないほど，輝度の自然さが失われることがわかる． □

1.1.2 信号の分類

信号のサンプリングと量子化について述べた．これらの操作は，連続的な時間で定義された信号を離散的な時間で定義される信号に，連続的な値を持つ信号を離散的な値を持つ信号に置き換える操作，ということができる．

1.1 アナログ信号とディジタル信号

(a) 8ビット

(b) 2ビット    (c) 1ビット

図 1.4 画像信号の量子化

このような時間と大きさの連続性に着目し、表 1.2のように信号を分類しよう。以下にその重要な結論をまとめる。

- □ アナログ信号：時間と大きさが共に連続な信号 (図 1.2(a))
- □ ディジタル信号：時間と大きさが共に離散な信号 (図 1.2(c))
- □ サンプル値信号：時間が離散で、大きさが連続な信号 (図 1.2(b))
- □ 離散時間信号：時間が離散的な信号 (図 1.2(b)(c))

ここで、大きさが離散的とは、大きさを有限桁の 2 進数で表現できるという意味である。時間と大きさの離散化は独立な操作であり、どちらかのみが離散的

表 1.2 信号の分類

		大きさ	
		連続	離散
時間	連続	アナログ信号	多値信号
		連続時間信号	
	離散	サンプル値信号	ディジタル信号
		離散時間信号	

な信号が存在することに注意してほしい．**離散時間信号** (discrete-time signal) とは，サンプル値信号とディジタル信号の両方を含む総称である．同様に，**連続時間信号** (continuance-time signal) は，アナログ信号と多値信号の両方を含む表現である．

本書の以降では，多くの場合，ディジタル信号とサンプル値信号を区別せずに話題を進める．したがって，離散時間信号という表現をしばしば使用する．

1.2 信号の表現法

離散時間信号の数式表現を与えよう．特に，アナログ信号の表現にはない，正規化表現に注意してほしい．

（1） 離散時間信号の表現

さて，図 1.2(a) の正弦波信号を例にして，離散時間信号の数式表現を導入しよう．このアナログ信号は，

$$x(t) = A\sin(\Omega t) \tag{1.7}$$

と表現される．いま，サンプリング周期 T_s でこの信号をサンプリングしよう．このとき，図 1.5(a) の信号が生成される．この離散時間信号の表現は，式 (1.7) の時間 t に離散時間 nT_s (n:整数) を代入することにより，

$$x(nT_s) = A\sin(\Omega nT_s) \tag{1.8}$$

となる．ここで，n の値を $0, 1, 2, \cdots$ と選ぶことにより，各サンプル値が対応する．

（2） 正規化表現

式 (1.8) の離散時間信号を，より簡潔に表現するために，しばしば

1.2 信号の表現法

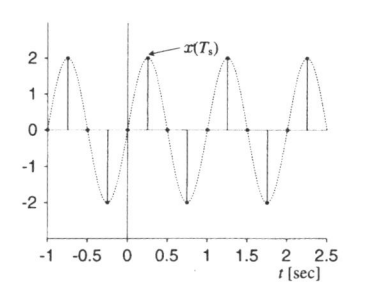

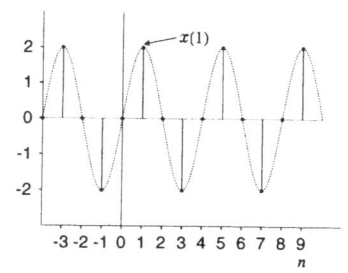

(a) 非正規化表現: $x(nT_s) = A\sin(\Omega nT_s)$ 　　(b) 正規化表現: $x(n) = A\sin(\omega n)$

図 1.5 信号の正規化表現 ($A = 2$, $\Omega = 2\pi F$, $F = 1$, $T_s = 1/4$)

$$x(n) = A\sin(\omega n) \tag{1.9}$$

と表す．この表現を離散時間信号の**正規化表現**という．ここで，式 (1.8)との違いに注意してほしい．第一の相違点は，サンプリング周期 T_s が数式中で省略されている点である．これは，図1.5(b) に示すように，時間 t を整数 n で置き換え，各サンプル値を単に番号付けした時系列として表現することに相当する．

第二の相違点は，角周波数 $\omega = 2\pi f$ の表現である．これは，角周波数 $\Omega = 2\pi F$ と

$$\omega = \Omega T_s = \Omega/F_s \text{ [rad]} \tag{1.10}$$

$$f = \omega/(2\pi) = F/F_s \tag{1.11}$$

の関係にある．つまり，非正規化表現 (Ω, F) をサンプリング周波数 F_s で割った表現と解釈することができる．ここで，ω の単位 [rad] は，サンプリング周期あたりの角度 [rad] に相当し，f の単位は，通常無次元である．この ω を**正規化角周波数** (normalized angular frequency)，f を**正規化周波数**という．本書では，小文字 (f, ω) により正規化表現を，大文字 (Ω, F) で非正規化表現を表す．以上のような正規化表現は，サンプリング周波数 F_s が既知であれば，容易に非正規化表現にもどすことができる．

図 1.6にディジタルシステムの周波数特性 (詳細は 3 章参照) の例を示す．横軸の周波数の表現に着目してほしい．ディジタル信号処理では，角周波数 Ω あるいは周波数 F を横軸に取る以外にも，このように正規化表現かどうかで表現に自由度がある．

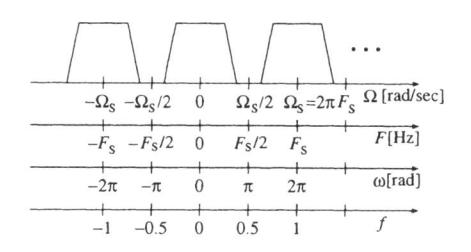

図 1.6　周波数特性の表示例

【例題 1.5】 以下の周波数 F を正規化周波数, 正規化角周波数にそれぞれ直せ. ただし, サンプリング周波数を $F_s = 20[\mathrm{kHz}]$ とする.

(a) $F = 20\,[\mathrm{kHz}]$, 　(b) $F = 10\,[\mathrm{kHz}]$, 　(c) $F = 5\,[\mathrm{kHz}]$

【解答】 式 (1.10) および式 (1.11) から, 以下の結果を得る.

(a) $f = 1, \omega = 2\pi\,[\mathrm{rad}]$

(b) $f = 0.5, \omega = \pi\,[\mathrm{rad}]$

(c) $f = 0.25, \omega = \pi/2\,[\mathrm{rad}]$

□

1.3　信号の処理手順

ここでは, 信号をディジタル信号として処理するための手順をまとめよう. また本章の最後として, アナログ信号処理との比較として, ディジタル信号処理の持つ利点を紹介する.

1.3.1　ディジタル信号処理の処理手順

図 1.7 は, ディジタル信号処理における標準的な処理手順を説明している. 各処理手順の詳細は, 後で述べるので, ここでは手順の概略を理解してほしい.

1. アナログフィルタ (低域通過フィルタ) によって, アナログ信号の高周波成分を除去する (帯域制限する).

1.3 信号の処理手順

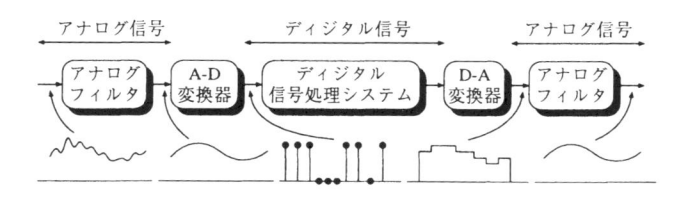

図 1.7 処理手順の説明

2. 帯域制限されたアナログ信号を，A-D(アナログ-ディジタル) 変換器によりディジタル信号に変換する．具体的には，サンプリング (標本化) と量子化の処理が実行される．
3. ディジタル・システムによって，目的である信号処理を行う．
4. D-A(ディジタル-アナログ) 変換器によって，アナログ信号に戻す．
5. アナログフィルタ (低域通過フィルタ) を用いて，信号を平滑化する．

MD(ミニディスク) や CD(コンパクトディスク) を例にすると，以上の手順は次のように説明される．

- □ マイクで収集されたアナログのオーディオ信号が，帯域制限された後に，ディジタル信号に変換される．
- □ ディジタル信号はディスクに記憶される．
- □ スピーカを鳴らすために，ディスクのディジタル信号をアナログ信号に再び戻し，平滑化する．

ディジタル信号を学ぶことは，以上の処理手順の必要性，各処理の具体的実行法を学ぶことである．

1.3.2 ディジタル信号処理の利点

ディジタル信号処理は，アナログ信号処理に比べ，幾つかの優れた特徴を持っている．ここでは，そのことをまとめてみよう．

1. 経済性と信頼性の向上

    ディジタル信号処理の技術は，高精度で信頼性の高い製品を経済的に開発することを可能とする．

    (a) LSI 技術に基づくことにより，大量生産の際の製品の低価格化

(b) LSI技術により，製品の小型化，高信頼化

(c) ディジタルの利点から，温度変化，経年変化に対して安定性が向上

(d) ソフトウェアの併用により，仕様の変更や開発期間の短縮が可能

2. 信号処理の多様化

アナログ信号処理では困難な複雑な処理を行うことができる．

(a) コンピュータやディジタルメモリ用いた複雑で汎用性の高い処理が可能

(b) データの圧縮，データのセキュリティ化などが可能

(c) 並列処理，非線形処理などが可能

演 習 問 題

(1) 信号 $x(t) = 2\cos(100\pi t - \pi/4)$ の大きさ，周波数，角周波数，初期位相を示せ．

(2) 演習問題 (1) の信号の1周期を10等分するようにサンプリングしたい．サンプリング周波数を求めよ．

(3) 信号 $x(t) = 2\sin(10\pi t)$ をサンプリング周波数 $F_s = 20\mathrm{Hz}$ でサンプリングする．

(a) 生成された離散時間信号を図に示せ．

(b) 生成された離散時間信号の数式を，正規化表現と非正規化表現でそれぞれ表せ．

(4) 以下の周波数，角周波数を正規化周波数，正規化角周波数に直せ．ただし，サンプリング周波数 $F_s = 10[\mathrm{kHz}]$ とする．

(a) $F = 2[\mathrm{kHz}]$, (b) $F = 5[\mathrm{kHz}]$, (c) $\Omega = 1000\pi[\mathrm{rad/sec}]$

(5) 以下の正規化周波数，正規化角周波数を，非正規化周波数，非正規化角周波数にそれぞれ直せ．ただし，サンプリング周波数 $F_s = 40\mathrm{kHz}$ とする．

(a) $f = 0.25$, (b) $f = 2$, (c) $\omega = 0.5\pi$

(6) 正弦波信号の周波数 F と F' がサンプリング周波数と

$$F' = F + kF_s, \quad (k:\text{整数})$$

の関係にあるとき，両正弦波信号の離散時間信号は一致することを示せ．

(7) 身の回りでアナログの技術がディジタル信号処理の技術に置き換わった例をさがし，その理由を考察せよ．

2 信号処理システム

　種々の信号処理は，信号処理システムにより実現される．そこで，まず離散時間信号を処理するシステムの考え方を導入しよう．ここで紹介するシステムは，線形時不変システムと呼ばれるもので，非常に多くの応用を持つ．信号値の乗算，加減算及び信号値を記憶し時間シフトするという3種類の処理の組み合わせとして，ソフトウェア，ハードウェアのどちらでも実現することができる．3章以降の話題も，この線形時不変システムを例にして展開する．

2.1 信号処理システムとは

　まず最初に，例として信号の平均値を計算する簡単な信号処理システムを考えよう．

（1） 3点平均の処理システム

　離散時間信号 $x(n)$ に対して3点平均を次々に計算し，その値 $y(n)$ を出力するシステムを考える．このシステムの入力信号 $x(n)$ と出力信号 $y(n)$ の関係は

$$y(n) = \frac{1}{3}\{x(n) + x(n-1) + x(n-2)\} \tag{2.1}$$

と表現される．図2.1では，この処理を図的に説明している．時刻 n を変えながら，平均値が次々に計算されているのがわかる．このような処理を3点移動平均と呼ぶこともある．

　この信号処理システムでは，各信号値の加算，定数値 (1/3) の乗算，過去の信号値を記憶し遅延させる $(x(n-1), x(n-2))$，という3種類の演算を用いていることに注意してほしい．この特徴は，この3点平均の例に限らず，後で

14   2 信号処理システム

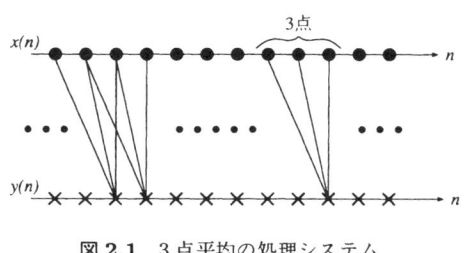

図 2.1　3 点平均の処理システム

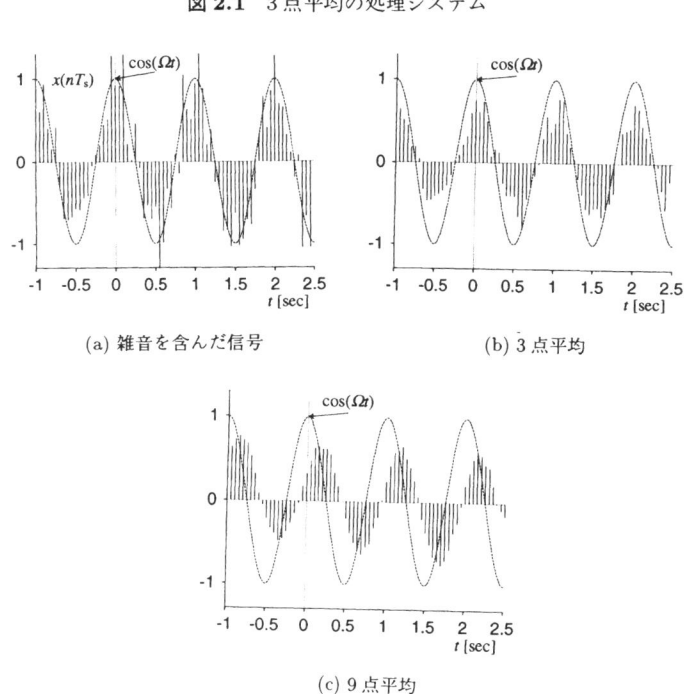

(a) 雑音を含んだ信号

(b) 3 点平均

(c) 9 点平均

図 2.2　平均処理による雑音の除去例 ($F=1$ Hz, $F_s=20$ Hz)

述べるシステムでも成立する．

(2)　**処理による結果の違い**

図 2.2(a) は，雑音を含んだ正弦波信号である．この信号に対して上述の 3 点平均をほどこしたのが，同図 (b) である．また，同図 (c) は 9 点平均をほどこした結果である．両者とも，平均処理により雑音が低減でき，特に 9 点平均ではより雑音を低減できることがわかる．しかし，信号の大きさが変わり，位相

がずれていることがわかる．

この例から，以下の疑問点が生じる．
- □ なぜ平均処理により信号の大きさが変わり，位相がずれるのか？
- □ 平均回数と大きさの変動と位相のずれとの関係は？
- □ なぜ平均回数が違うと，雑音低減の割合が違うのか？
- □ 平均処理より，効果的に雑音を除去する方法はあるのか？

本書の以降の課題の一つは，このような疑問点に回答し，その処理を実際に実行する信号処理システムを説明することにある．2章と3章では，そのことの説明を目的とする．

2章では，まず3点平均以外の信号処理システムは，どのように表現され，実現されるのか，という点から考えてみよう．

【例題 2.1】 式 (2.1) と $y(n) = \frac{1}{3}\{x(n+1) + x(n) + x(n-1)\}$ の処理の違いについて説明せよ．

【解答】 式 (2.1) の処理では，ある時刻の出力 $y(n)$ を計算するのに，その時刻 n より過去の値 $(x(n) + x(n-1) + x(n-2))$ のみを用いている．一方，問題のシステムは同じ3点平均ではあるが，時刻 n より未来の時刻の値 $(x(n+1))$ を用いている．したがって，信号 $x(n)$ が時系列で与えられる場合，後者は時刻 n で出力 $y(n)$ を計算し，出力することができない． □

2.2 信号例とその性質

信号処理システムを具体的に考える前に，その準備として本書でしばしば使用される離散時間信号とその性質をまとめる．

2.2.1 代表的な信号例
以下の信号表現は，1章で述べた正規化表現であることに注意してほしい．
####（1） 正弦波信号
$$\sin(\omega n), \quad \text{または} \quad \cos(\omega n) \tag{2.2}$$
ω は正規化角周波数である．前項で述べたように $\omega = \Omega T_s$ の関係から，アナロ

グ正弦波信号をサンプリング周期 T_s でサンプリングしたものと考えてもよい.

(2) 複素正弦波信号

$$e^{j\omega n} = \cos(\omega n) + j\sin(\omega n), \qquad j = \sqrt{-1} \tag{2.3}$$

この信号は複素数である.上式の右辺と左辺の関係はオイラーの公式と呼ばれる (例題 2.2 参照).

(3) 単位ステップ信号 $u(n)$ (図 2.3(a))

$$u(n) = \begin{cases} 1, & n \geq 0 \\ 0, & n < 0 \end{cases} \tag{2.4}$$

(4) 単位サンプル信号 (インパルス) $\delta(n)$ (図 2.3(b))

$$\delta(n) = \begin{cases} 1, & n = 0 \\ 0, & n \neq 0 \end{cases} \tag{2.5}$$

ここで,δ はギリシャ文字のデルタである.この信号は,単にインパルスと呼ばれることが多い.このインパルスは信号処理を学ぶ際にきわめて重要である.次にこのインパルスの性質について説明する.

(a) 単位ステップ信号 $u(n)$　　(b) インパルス $\delta(n)$

図 2.3 信号例

【例題 2.2】 $\cos(\omega n)$,$\sin(\omega n)$ をそれぞれ複素正弦波信号 $e^{j\omega n}$ を用いて表せ.

【解答】 $\cos(\omega n) = (e^{j\omega n} + e^{-j\omega n})/2$,$\sin(\omega n) = (e^{j\omega n} - e^{-j\omega n})/2j$,この関係は,$e^{-j\omega n} = \cos(\omega n) - j\sin(\omega n)$ と式 (2.3) を右辺に代入すれば,容易に証明することができる. □

2.2.2 インパルスの性質

式 (2.5) のインパルス $\delta(n)$ を再び考えよう.この信号は,$\delta(n-2)$ と表現し

2.2 信号例とその性質

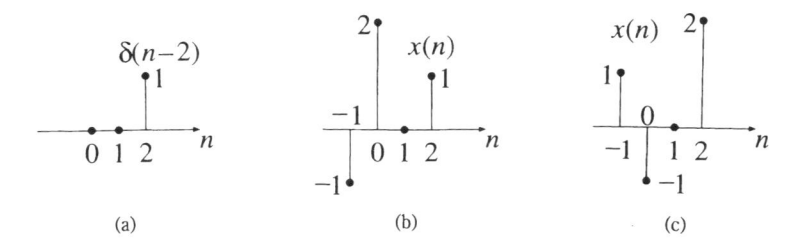

図 2.4 インパルス $\delta(n)$ の性質

たとき，図 2.4(a) の信号が対応する．つまり，インパルスの定義から，かっこ内の値がゼロとなる n でのみ，値 1 をとる信号である．したがって，信号 $x(n)$ を

$$x(n) = -\delta(n+1) + 2\delta(n) + \delta(n-2) \tag{2.6}$$

と表現すると，同図 (b) の信号を表現したことになる．

以上の例からわかるように，任意の信号 $x(n)$ を，インパルス $\delta(n)$ の時間 n をシフトし，大きさの重みをつけて，たしあわせることにより，表現することができる．このことを，一般的に表現すると，

$$x(n) = \sum_{k=-\infty}^{\infty} x(k)\delta(n-k), \quad x(n):任意の信号 \tag{2.7}$$

となる．ここで，式 (2.6) を

$$x(n) = x(-1)\delta(n+1) + x(0)\delta(n) + x(2)\delta(n-2) \tag{2.8}$$

と表現可能なことに注意してほしい．式 (2.6) は，3 つの信号値 $(x(-1), x(0), x(2))$ 以外はゼロ値となる式 (2.7) の特殊な場合であることがわかる．

任意の信号 $x(n)$ を表現できるというインパルスのこのような性質は，後の説明を理解するのに重要な役割を果たす．

【例題 2.3】 図 2.4(c) の信号 $x(n)$ をインパルスを用いて表現せよ．

【解答】 $x(n) = \delta(n+1) - \delta(n) + 2\delta(n-2)$ となる． □

【例題 2.4】 式 (2.4) の単位ステップ信号 $u(n)$ をインパルスを用いて表

現せよ．

【解答】 次式となる．
$$u(n) = \sum_{k=0}^{\infty} \delta(n-k) = \sum_{k=-\infty}^{n} \delta(k)$$

□

2.3 線形時不変システム

信号処理システムにおいて最も重要なシステムは，線形時不変システムと呼ばれるシステムである．先に述べた3点平均の計算も，このシステムに相当する．ここでは，線形時不変システムとは何か，その表現法，それがなぜ重要なのかについて説明する．

2.3.1 線形性と時不変性

信号処理システムは，入力信号 $x(n)$ を他の信号 $y(n)$ に変換するもの，と考えることができる．そこでいま，システムを図 2.5 に示すように，入力信号 $x(n)$ を出力信号 $y(n)$ に一意的に変換するものとして定義し，その関係を変換 (transform) の意味で

$$y(n) = T[x(n)] \tag{2.9}$$

と表そう．変換の際の拘束条件によって，システムを以下のように分類できる．

(1) 時不変 (シフト不変) システム

時不変システム (time-invariant system) は，**シフト不変システム** (shift-invariant system) ともいわれる．これは，ある入力 $x(n)$ に対応する出力を $y(n)$ とするとき，

$$y(n-k) = T[x(n-k)] \tag{2.10}$$

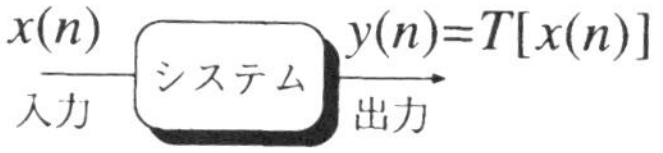

図 2.5 システムの一般的表現

が成立するシステムである．ただし，k は任意の整数である．

この条件を図 2.6 の例を用いて補足する．いま，同図 (a) の信号 $x_1(n)$ をシステムに加えたとき，出力として $y_1(n)$ が得られたとしよう．時不変システムでは，同図 (b) の入力 $x_2(n) = x_1(n-1)$ に対して，同じ時間だけシフトした $y_2(n) = y_1(n-1)$ が出力される．

（2） 線形システム

線形システム (linear system) とは，任意の入力 $x_1(n)$，$x_2(n)$ に対応する出力をそれぞれ $y_1(n)$，$y_2(n)$ とするとき，任意の定数 a，b に対して

$$T[ax_1(n) + bx_2(n)] = aT[x_1(n)] + bT[x_2(n)]$$
$$= ay_1(n) + by_2(n) \tag{2.11}$$

が成立するシステムである．

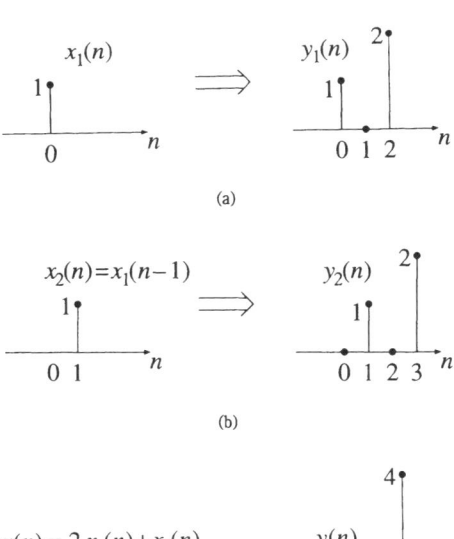

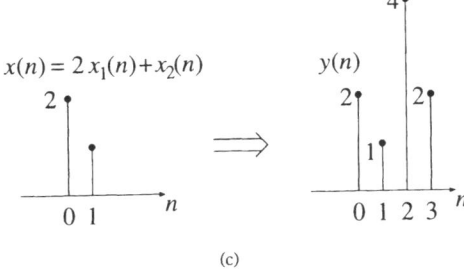

図 2.6 システムの入出力例

図 2.6 を例にして線形システムを考えよう．同図 (c) の入力 $x(n)$ は，
$$x(n) = 2x_1(n) + x_2(n) \tag{2.12}$$
と，先の信号 $x_1(n)$, $x_2(n)$ を用いて表現される．線形システムでは，$2x_1(n)$ に対する出力 $T[2x_1(n)]$ は，$T[2x_1(n)] = 2T[x_1(n)] = 2y_1(n)$，すなわち $y_1(n)$ の各値を 2 倍にした信号が対応する．したがって，出力 $y(n) = T[x(n)]$ は，個々の出力を加算とした $y(n) = 2y_1(n) + y_2(n)$ が得られる．

（3） 線形時不変システム

システムが線形性 (式 (2.11)) と時不変性 (式 (2.10)) の条件を同時に満たすとき，**線形時不変システム** (linear time-invariant system) と呼ばれる．

線形性と時不変の条件は，独立な条件であり，どちらかの条件しか満たさないシステムも存在する．

（4） 因果性システム

因果性システム (causal system) とは，任意の時刻 n_0 における出力 $y(n_0)$ が，その時刻よりも過去の時間 $n \leq n_0$ のみの入力 $x(n)$ を用いて計算されるシステムである．

特に時系列として与えられるデータを次々に処理して出力する実時間処理システム (real-time system) の実現では，システムが因果性を満たすことが重要である．例題 2.1 の 3 点平均を計算するシステムは，因果性システムではない．

【例題 2.5】 線形時不変システムを考える．入力として $x_1(n) = \delta(n)$ を加えたとき，$y_1(n) = T[x_1(n)] = \delta(n) + 2\delta(n-2)$ が出力されたとしよう．次に，このシステムに $x(n) = 2\delta(n) + \delta(n-1)$ を加えた場合の出力 $y(n)$ を求めよ．

【解答】 線形時不変システムの条件から，
$$\begin{aligned} y(n) &= T[2\delta(n) + \delta(n-1)] = 2T[\delta(n)] + T[\delta(n-1)] \\ &= 2y_1(n) + y_1(n-1) = 2\delta(n) + \delta(n-1) + 4\delta(n-2) + 2\delta(n-3) \end{aligned}$$
が成立する．この信号は，図 2.6 と同じである．

この例からわかるように，線形時不変システムでは，インパルスを加えたときの出力 $T[\delta(n)]$ がわかると，任意の入力に対する出力を求めることができる．これは，インパルスの性質 (式 (2.7)) と線形時不変システムの定義から理解される． □

2.3.2 たたみ込みとインパルス応答

線形時不変システムをより詳細に考えよう．

（1） たたみ込み

線形時不変システムでは，システムにインパルス $\delta(n)$ を入力した場合の出力がわかると，任意の入力に対する出力を求めることができる（例題 2.5 参照）．ここでは，その点に着目し，システムの入出力関係を一般的に表現する．

いま，インパルスを入力した場合の出力を

$$h(n) = T[\delta(n)] \tag{2.13}$$

と表す．この $h(n)$ を**インパルス応答** (impulse response) という．線形時不変システムでは，任意の入力 $x(n)$ とそれに対応する出力 $y(n)$ の関係を

$$y(n) = \sum_{k=-\infty}^{\infty} x(k)h(n-k) \tag{2.14}$$

と記述することができる．上式の導出は，後で説明する ((3) 参照)．ここでは，任意の入力 $x(n)$ に対する出力 $y(n)$ が，インパルス応答 $h(n)$ のみで計算できる点に着目してほしい．

上式の関係を信号 $x(n)$ と $h(n)$ の**たたみ込み** (convolution) または**直線たたみ込み** (linear convolution) という．また $y(n)$ を $x(n)$ と $h(n)$ のたたみ込みといい，

$$y(n) = x(n) * h(n) \tag{2.15}$$

としばしば略記する．変数変換によって，$x(n)$ と $h(n)$ を入れ換えた関係

$$y(n) = \sum_{k=-\infty}^{\infty} h(k)x(n-k) = h(n) * x(n) \tag{2.16}$$

を得ることも可能である（演習問題 (9) 参照）．

（2） 3点平均はたたみ込み

たたみ込みの表現は一見複雑であるが，実用上重要な処理は，たたみ込み，すなわち線形時不変システムであることが多い．先に述べた 3 点平均の処理（式 (2.1)）もたたみ込みであることを述べよう．

3 点平均では，3 点の $x(n)$ のみを用いて出力 $y(n)$ を計算するので，式 (2.16) の表現を

$$y(n) = \sum_{k=0}^{2} h(k)x(n-k)$$
$$= h(0)x(n) + h(1)x(n-1) + h(2)x(n-2) \qquad (2.17)$$

と書き換えることができる．式 (2.1) との比較から，3点平均を計算するシステムは，$h(0) = h(1) = h(2) = 1/3$ のインパルス応答，すなわち

$$h(n) = \frac{1}{3}\delta(n) + \frac{1}{3}\delta(n-1) + \frac{1}{3}\delta(n-2) \qquad (2.18)$$

を持つ線形時不変システムであることがわかる (図 2.7(a) 参照)．

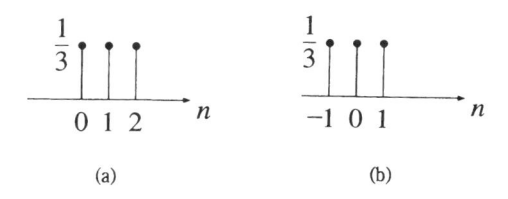

図 2.7 3点平均のインパルス応答

(3) たたみ込みの導出

さて，式 (2.14) のたたみ込みの式が簡単に導出できることを示そう．たたみ込みの導出のためには，線形性と時不変性の条件が必要であることを確認してほしい．

まず，システムの入出力関係は，$y(n) = T[x(n)]$ と表現される．この $x(n)$ に式 (2.7) の関係を代入すると，

$$y(n) = T[x(n)]$$
$$= T\left[\sum_{k=-\infty}^{\infty} x(k)\delta(n-k)\right] \qquad (2.19)$$

となる．この表現には，線形性と時不変性の仮定は必要ない．

次に線形性を仮定すると，上式は

$$y(n) = \sum_{k=-\infty}^{\infty} T[x(k)\delta(n-k)]$$
$$= \sum_{k=-\infty}^{\infty} x(k)T[\delta(n-k)] \qquad (2.20)$$

と整理される．最初の変形は，総和の変換と，個々の変換の総和は等しい，と

いう線形性の条件から成り立つ．第二の変形は，$x(k)$ は定数であるので (式(2.11)の定数 a, b に相当)，それを変換の外に移動したものである．

最後に，時不変性を仮定しよう．インパルス応答を $h(n) = T[\delta(n)]$ とすると，時不変性から，

$$h(n-k) = T[\delta(n-k)] \tag{2.21}$$

が成り立つ．したがって，上式を式 (2.20) に代入することにより，式 (2.14) のたたみ込みを得ることができる．

【例題 2.6】 例題 2.1 の 3 点平均を求めるシステムのインパルス応答を示せ．

【解答】 式 (2.18) と同様に考えると，
$$h(n) = \frac{1}{3}\delta(n+1) + \frac{1}{3}\delta(n) + \frac{1}{3}\delta(n-1)$$
を得る (図 2.7(b) 参照)． □

【例題 2.7】 例題 2.5 のシステムの入出力関係を，たたみ込みとして表現せよ．

【解答】 $y(n) = x(n) + 2x(n-2)$ となる． □

2.4 システムの実現

たたみ込みを計算する幾つかの方法を調べよう．どの方法を用いても，線形時不変システムを実現することができる．

2.4.1 たたみ込みの計算法

図 2.8 の入力信号 $x(n)$ とインパルス $h(n)$ のたたみ込みを例にして，たたみ込みを計算する 3 つの方法を紹介する．どの方法も，本質的には違わない．

(1) 入力信号 $x(n)$ をわける

例題 2.5 で述べた方法である．入力信号は $x(n) = 2\delta(n) + \delta(n-1)$ と 2 つ

のインパルスを用いて表現できるので，個々の信号 $(2\delta(n), \delta(n-1))$ に対する出力を求め，その結果を加算すればよい．したがって，

$$y(n) = 2h(n) + h(n-1) \tag{2.22}$$

を得る (図 2.8参照)．

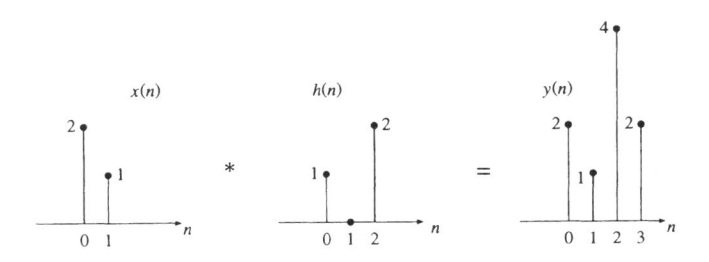

図 2.8　たたみ込み例 1

（2） たたみ込みの式を直接計算

このシステムは

$$y(n) = x(n) + 2x(n-2) \tag{2.23}$$

と記述できる．したがって，各時刻で上式を計算すると，

$$\begin{cases} y(0) &= x(0) + 2x(-2) = 2 + 0 = 2 \\ y(1) &= x(1) + 2x(-1) = 1 + 0 = 1 \\ y(2) &= x(2) + 2x(0) = 0 + 4 = 4 \\ y(3) &= x(3) + 2x(1) = 0 + 2 = 2 \\ y(4) &= x(4) + 2x(2) = 0 + 0 + 0 \\ &\vdots \end{cases} \tag{2.24}$$

を得る．これは，当然，式 (2.22)の結果と一致する．

（3） 多項式積として計算

いま，各時刻での $x(n)$ と $h(n)$ の値を以下のように多項式の係数に割り振る．

$$X(z) = 2 + z^{-1} \tag{2.25}$$

$$H(z) = 1 + 2\,z^{-2} \tag{2.26}$$

ここで，zの指数部は，各信号値の存在する時刻に対応する．次に，両者の多項式積を，次のように求める．

$$Y(z) = H(z)X(z) = 2 + z^{-1} + 4z^{-2} + 2z^{-3} \tag{2.27}$$

上式の多項式係数は，図 2.8 の $y(n)$ と一致している．

このように，多項式積として，たたみ込みの計算を行うことができる．なぜこのような手順でたたみ込みが計算可能か，という点については，次章で述べる z 変換の性質から説明される．

【例題 2.8】 図 2.9 の $x(n)$ と $h(n)$ に対してたたみ込みを実行せよ．

【解答】 上述のどの方法を用いても，同図の $y(n)$ を得る． □

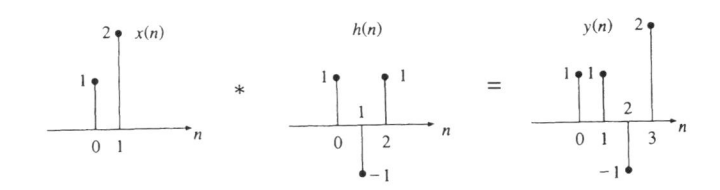

図 2.9　たたみ込み例 2

2.4.2　ハードウェア実現

線形時不変システムのハードウェア実現を述べよう．これは，前項のたたみ込み計算のハードウェア実現に相当する．

（1）　演算要素

たたみ込みは，式 (2.14) あるいは式 (2.16) からわかるように，乗算，加減算，信号のシフトという 3 種類の演算により実行される．いま，この 3 種類の演算を行う演算器を，図 2.10 のように表す．線形時不変システムは，これらの演算器を用いて実現することができる．

（2）　システムの構成例

前項のシステム

$$y(n) = x(n) + 2x(n-2) \tag{2.28}$$

を，再び考える．このシステムは，図 2.11 のように構成できる．実際の場面では，この例のように，

図 2.10 システムの演算要素

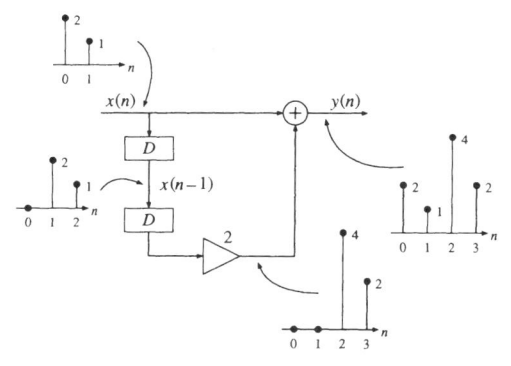

図 2.11 システムの構成例 1

- □ 式からシステムを構成できる
- □ 逆に，構成図から式がわかる
- □ 構成図上で信号の流れが追える

ことが大切である．

図 2.11 のシステムに図 2.8 の $x(n)$ を入力し，システム各部の信号の流れを確認してみよう．各時刻での各部の信号の値は同図のようになる．

（3） システムの一般的な構成

次に，より一般的なシステム

$$y(n) = \sum_{k=0}^{N-1} h(k) x(n-k) \tag{2.29}$$

2.4 システムの実現

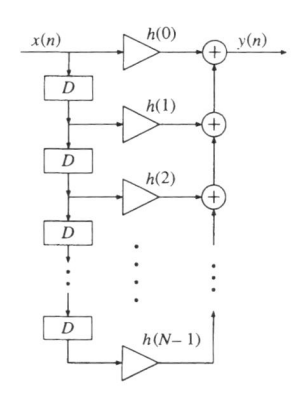

図 2.12 一般的システムの構成 (非再帰型システム)

を考える．このシステムは，図 2.12 のように構成される．各乗算器の値がインパルス応答 $h(n)$ に対応することに注意してほしい．

システムの構成には自由度があり，一つのシステムに対して複数個の構成が存在し，これ以外にも，構成法は存在することを注意しておく (6 章参照)．

【**例題 2.9**】 システム $y(n) = 2x(n) - 3x(n-1) - 2x(n-2)$ を構成せよ．

【**解答**】 図 2.13 の構成を得る．どちらの構成も，同じシステムに相当する． □

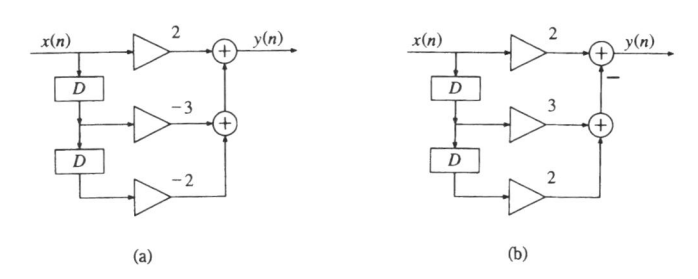

図 2.13 システムの構成例 2

2.4.3 フィードバックのあるシステム

信号がフィードバックするシステムを紹介する．システムはフィードバックを持つことにより，より効果的に複雑な処理を行うことが可能となる．

(1) **システム例**

いま，システム
$$y(n) = x(n) + by(n-1) \tag{2.30}$$
を考えよう．ここで，b は定数である．この式はたたみ込みではない．なぜなら，たたみ込みの式（式 (2.14)，式 (2.16)）は，右辺に出力 $y(n)$ の項を持たないからである．しかし，このシステムを構成することは可能であり，図 2.14(a) の構成を得る．

ここで，出力 $y(n)$ が一度手前に戻ることがわかる．このように，ある時刻での出力結果を用いて後の時刻の出力を求める処理をフィードバック処理，このフィードバック処理を伴うシステムを**再帰型システム** (recursive system) という．一方，フィードバック処理を持たないシステムを**非再帰型システム** (nonrecursive system) という（図 2.12 参照）．

次に，図 2.14(a) の構成から，システムのインパルス応答を求めてみよう．入力にインパルス $x(n) = \delta(n)$ を仮定し，信号の流れを考察すると，時刻 $n = 0$ から $1, b, b^2, b^3, \cdots$ と無限に続くインパルス応答が求められる（図 2.14(b) 参照）．

したがって，このシステムをたたみ込みで表現すると，式 (2.16) から
$$y(n) = \sum_{k=0}^{\infty} b^k x(n-k) \tag{2.31}$$
となる．すなわち，このシステムは，式 (2.30) と式 (2.31) のどちらを用いても入出力関係を記述できることがわかる．

(2) **フィードバックの必要性**

式 (2.31) の表現を，式 (2.29) と対応させ，ハードウェア実現することを想定しよう．このとき，図 2.12 のようなフィードバックのない構成を考えると，

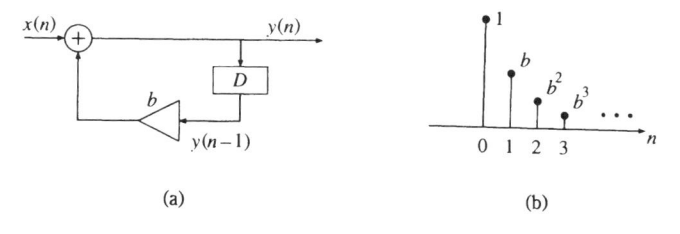

図 **2.14** フィードバックのあるシステム例

$N = \infty$ であるので，無限個の演算 (乗算, 加算, 遅延) が必要であり，実現不可能であることがわかる．

しかし，このシステムは，図 2.14 のように，有限個の演算により実現可能である．以上の例から，無限個のインパルス応答を持つシステムは，再帰型システムとして実現する必要があることがわかる．

（3） FIR システムと IIR システム

システムには，無限個のインパルス応答を持つシステムと，有限個のインパルス応答を持つシステムが存在する．前者を無限インパルス応答 (Infinite Impulse Response, IIR) システム，後者を有限インパルス応答 (Finite Impulse Response, FIR) システムという．

図 2.14 のシステムは IIR システムであり，3 点平均を計算するシステムは FIR システムである．IIR システムは再帰型システムであるが，再帰型システムは必ずしも，IIR システムに対応するとは限らないことを注意しておく (例題 2.10 参照)．

【例題 2.10】 システム $y(n) = x(n) - x(n-3) + y(n-1)$ を考えよう．このシステムを構成せよ．次に，その構成から，インパルス応答を求めよ．

【解答】 図 2.15(a) の構成を得る．再帰型システムではあるが，インパルス応答は $h(n) = \delta(n) + \delta(n-1) + \delta(n-2)$ であり，FIR システムである．したがって，このシステムは図 2.15(b) に示すように，非再帰型システムとして構成することもできる． □

2.4.4 定係数差分方程式

線形時不変システムはたたみ込みで表現できることを述べた．しかし IIR システムの実現には，たたみ込み表現は，無限の演算が対応して不便であった．ここでは，IIR システムを考える際に便利な表現を紹介しよう．

（1） 定係数差分方程式

いま，システムの入出力関係を

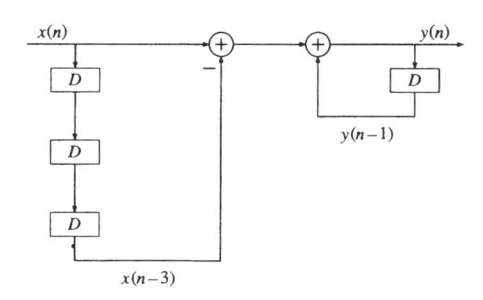

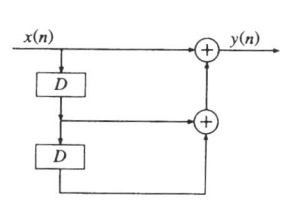

(a) 再帰型システム　　　　　　　　　(b) 非再帰型システム

図 2.15 システムの構成例

$$y(n) = \sum_{k=0}^{M} a_k x(n-k) - \sum_{k=1}^{N} b_k y(n-k) \tag{2.32}$$

と表現しよう．この表現を**定係数差分方程式**という．ここで，a_k と b_k は定数である．式 (2.30) は，この定係数差分方程式の特殊な場合に相当する．

たたみ込み表現は無限個のインパルス応答 $h(n)$ を用いて入出力関係を記述した．しかし，上式では有限個の係数 a_k 及び b_k のみで記述している．また，右辺に出力 $y(n-k)$ がある点が異なる．この表現がフィードバックを与え，IIR システムを有限に表現することを可能にする．

（2）　初期休止条件

式 (2.30) を用いてインパルス応答を求めてみよう．まず，$x(n) = \delta(n)$ を仮定し，$n = 0$ を代入すると，

$$y(0) = \delta(0) + by(-1) \tag{2.33}$$

となる．ここで，$y(-1)$ は入力を加える前の初期状態の値に相当する．いま，$y(-1) = 0$ と仮定すると，

$$\begin{cases} y(0) &= \delta(0) + by(-1) = 1 \\ y(1) &= \delta(1) + by(0) = 0 + b = b \\ y(2) &= \delta(2) + by(1) = 0 + b^2 = b^2 \\ &\vdots \end{cases} \tag{2.34}$$

と引き続き応答を求めることができる．

以上の例で $y(-1) = 0$ を仮定したが，この仮定がないと，このシステムは線

形時不変システムに対応しない (例題 2.11 参照).しかし,たたみ込み表現の代わりに,線形時不変システムの記述法の1つとして定係数差分方程式を用いたい.そこで一般に,式 (2.32) に対して入力を加える前に出力はゼロである,すなわち時刻 $n < n_0$ において $x(n) = 0$ ならば,$y(n) = 0, n < n_0$ という条件を常に仮定する.これを**初期休止条件** (initial rest condition) とよぶ.この条件の下で,定係数差分方程式は,線形定係数差分方程式と呼ばれる.

【例題 2.11】 $y(-1) = 2$ を仮定すると,式 (2.30) のシステムは線形性を満たさないことを示せ.ただし,$b = 1$ とする.

【解答】 $x(n) = \delta(n)$ を代入すると,$n = 0$ で
$$y(0) = \delta(0) + by(-1) = 3$$
を得る.次に,$x(n) = 2\delta(n)$ を代入すると
$$y(0) = 2\delta(0) + by(-1) = 4$$
となる.ゆえに,入力を2倍にしても,出力は2倍にならないので,線形システムではない. □

【例題 2.12】 システム $y(n) = x(n) + 2x(n-1) - y(n-1)$ のインパルス応答を,$n = 0, 1, 2, 3$ の範囲で求めよ.ただし,初期休止条件を仮定する.

【解答】 $x(n) = \delta(n)$ を代入すると,初期休止条件を仮定すると,
$$y(0) = \delta(0) + 2\delta(-1) - y(-1) = 1$$
$$y(1) = \delta(1) + 2\delta(0) - y(0) = 1$$
$$y(2) = \delta(2) + 2\delta(1) - y(1) = -1$$
$$y(3) = \delta(3) + 2\delta(2) - y(2) = 1$$
を得る. □

（3） 差分方程式の構成

式 (2.32) の線形定数係数差分方程式は，たたみ込みの場合と同様に，乗算，加減算および信号のシフトという 3 種類の演算から成る．そこで，式 (2.32) に対応する構成として図 2.16 の構成を得ることができる．

先に述べように，システムの構成には自由度があり，1 つのシステムに複数の構成法がある．この構成はその一例である．他の代表的な構成法は 6 章において紹介される．

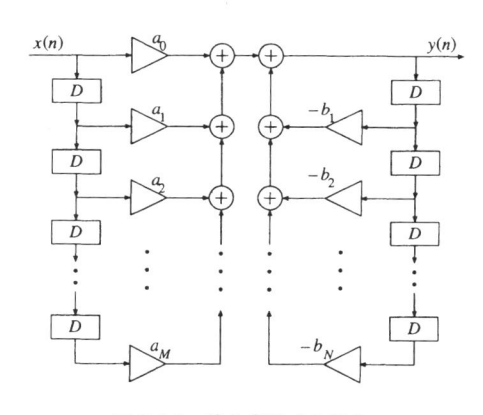

図 2.16 差分方程式の構成

2.5 システムの安定性と因果性の判別

たたみ込みの関係から明らかなように，線形時不変システムのあらゆる性質は，すべてそのインパルス応答 $h(n)$ によって記述できる．以下にインパルス応答を用いた因果性システムと安定なシステムの判別法を示す．

実際に使用可能なシステムは，両条件を満足しなければならない．したがって，以下の判別法に基づき信号処理システムの設計は行われる．

（1） 因果性システム

2.3.1 で述べたように，これは，ある時刻の出力 $y(n)$ を求めるのに，その時刻より未来の入力を必要としないシステムである．

線形時不変システムが因果性を満たすための必要十分条件は，

$$h(n) = 0, \quad n < 0 \tag{2.35}$$

である.

つまり,負の時間でインパルス応答がゼロ値であればよい.ここで,必要十分条件とは,この条件を満たせば必ず因果性システムであり(十分条件),満たさなければ必ず因果性システムではない(必要条件),という条件である.証明は省略する.例題2.1の3点平均を求めるシステムは,図2.7(b)のインパルス応答から,因果性システムではないことがわかる.

(2) 安定なシステム

安定なシステムとは,有限な値を持つ任意の入力信号をシステムに加えたとき,出力の値が必ず有限となるシステムである.この安定性は,**有限入力有限出力安定**(Bounded Input Bounded Output Stability, BIBO安定)といわれる.

線形時不変システムがBIBO安定であるための必要十分条件は,インパルス応答が絶対加算可能であること,すなわち

$$\sum_{n=-\infty}^{\infty} |h(n)| < \infty \tag{2.36}$$

である(証明は(4)を参照).

(3) IIRシステムは安定性に注意

IIRシステムは,無限個のインパルス応答を持つ.したがって上式の条件から,不安定なシステムになる可能性があることがわかる.一方,FIRシステムの安定性は保証されている.

再び,図2.14のシステムを考えよう.明らかに,このシステムが式(2.36)の条件を満たすかどうかは,乗算器の値bに依存する.すなわち,bの大きさが

$$|b| \geq 1 \tag{2.37}$$

であるとき,システムは安定性の条件を満たさず,不安定となる.

(4) 安定性の十分条件の証明

次のように,安定性の条件を証明することができる.いま,すべてのnに対して$|x(n)| \leq M$が成立する定数Mを考える.このとき,たたみ込みの式から,出力$y(n)$の大きさに対して次式が成立する.

$$|y(n)| = \left| \sum_{k=-\infty}^{\infty} h(k)x(n-k) \right| \leq M \sum_{k=-\infty}^{\infty} |h(k)| \tag{2.38}$$

ここで，不等式の性質 $|a+b| \leq |a| + |b|$ (a, b: 定数) を用いた．したがって，式 (2.36) の下で，必ず

$$|y(n)| < \infty \tag{2.39}$$

となり，安定性は保証される．

必要条件の証明は紙面の都合で省略する．興味ある読者は試みてほしい．図 2.17 にインパルス応答の例を与え，それらから因果性，安定性を判定した結果を示している．このように，インパルス応答を観測するだけで，システムの安定性や因果性を知ることができる．

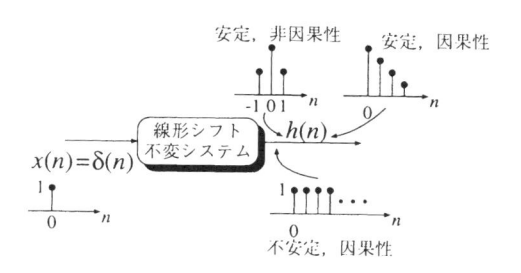

図 2.17 因果性，安定性の判別例

【例題 2.13】 図 2.14 のシステムで $b = 1$ とおく．このシステムに単位ステップ信号 $u(n)$ を入力した場合の出力を求めよ．

【解答】 このシステムは，値 1 が無限に続くインパルス応答を持つ．式 (2.36) の条件は満たさず，不安定なシステムとなる．従って，有限値の入力に対して無限値を出力する可能性がある．

$y(n) = x(n) + y(n-1)$ に初期休止条件を仮定し，$x(n) = u(n)$ を代入すると

$$\begin{cases} y(0) = u(0) + y(-1) = 1 \\ y(1) = u(1) + y(0) = 2 \\ \quad\vdots \\ y(k) = u(k) + y(k-1) = 1 + k \end{cases}$$

を得る．時間の経過と共に出力 $y(n)$ の値は増加し，無限大の時間経過により無限大の値を出力することがわかる．すなわち，不安定である．

演 習 問 題

(1) 以下の信号を時間 n を横軸にし，図示せよ．
    (a) $x(n) = -\delta(n+2) + 2\delta(n) + \delta(n-1) - \delta(n-2)$,
    (b) $x(n) = u(n) - u(n-2)$
    (c) $x(n) = u(-n) + u(n+2)$

(2) 以下のシステムが線形性と時不変性の条件をそれぞれ満たすかどうかを示せ．
    (a) $y(n) = x(n) + x(n-1) + 2$,   (b) $y(n) = 2x(n-1)$
    (c) $y(n) = nx(n-1)$,   (d) $y(n) = x(2n-1)$

(3) システム $y(n) = x(n) - 2x(n-1) + x(n-2)$ を考える．以下の問いに答えよ．
    (a) このシステムのインパルス応答を求めよ．
    (b) 図 2.18 の入力 $x(n)$ を加えた場合の出力 $y(n)$ を求めよ．
    (c) 単位ステップ信号 $u(n)$ を加えた場合の出力 $y(n)$ を求めよ．
    (d) このシステムの構成図を示せ．

(4) 線形時不変システムに単位ステップ信号 $u(n)$ を加えたら，図 2.19 の出力が得られた．このシステムのインパルス応答を求めよ．

(5) 以下のシステムのハードウェア構成を示せ．
    (a) $y(n) = x(n) - ax(n-1) + bx(n-2)$
    (b) $y(n) = x(n) - ax(n-1) - bx(n-2) - cy(n-1) + dy(n-2)$

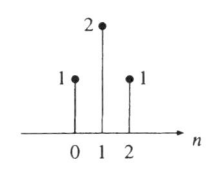

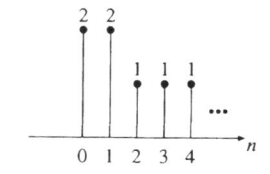

図 2.18　演習問題 (3) の説明　　　　図 2.19　演習問題 (4) の説明

(6) 図 2.20 のシステムを考える．以下の問いに答えよ．
    (a) このシステムの入出力関係を差分方程式として表現せよ．
    (b) インパルス応答を $n = 0, 1, 2, 3, 4, 5$ の範囲で示せ．
    (c) システムの安定性を判別せよ．

(7) 以下のシステムのインパルス応答を求めよ．但し，初期休止条件を仮定する．

    (a) $y(n) = x(n) + 2x(n-1) - 3x(n-2)$

    (b) $y(n) = x(n) + 2x(n-1) - y(n-1)$

(8) インパルス応答 $h(n)$ を持つ線形時不変システムに単位ステップ信号 $u(n)$ を入力する．このとき，出力 $y(n)$ が
$$y(n) = \sum_{k=-\infty}^{n} h(k)$$
と表現できることを示せ．

(9) 式 (2.14) と式 (2.16) が等価であることを示せ．

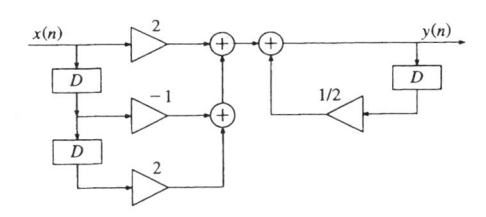

図 2.20 演習問題 (6) の説明

3　z変換とシステムの伝達関数

　システムの設計や解析，あるいはシステムの効率的な構成法の検討を行う場合には，前章で述べたインパルス応答のように，時間信号としてシステムを表現するのみでは不便である．そこでz変換やフーリエ変換と呼ばれる変換法を用い，信号やシステムを変換した形式で検討することが広く行われている．

　本章では，z変換という信号の変換法について述べる．次にこの変換法に基づき，システムの伝達関数とシステムの周波数特性を説明する．

3.1　z　　変　　換

　ここでは，z変換を定義し，z変換の具体的計算法，その性質について述べる．

3.1.1　z変換の定義

（1）　z変換の定義

　まず，離散時間信号$x(n)$のz変換$X(z)$を次式で定義する．

$$X(z) = \sum_{n=-\infty}^{\infty} x(n) z^{-n} \tag{3.1}$$

ここで，zは一般に複素数値をとる複素変数である．いま，表現を簡潔にするために，数列$x(n)$のz変換が$X(z)$であるとき，両者の関係を

$$x(n) \overset{z}{\leftrightarrow} X(z) \tag{3.2}$$

または

$$Z[x(n)] = X(z) \tag{3.3}$$

と表す．

以下では，時間信号を小文字 ($x(n)$)，変換された信号を大文字 ($X(z)$) で表現する．

（2） インパルス$\delta(n)$ の z 変換

具体的な z 変換の計算例を示す．まず，図 3.1(a) のインパルス$\delta(n)$ の z 変換は 1 である，すなわち

$$\delta(n) \overset{z}{\leftrightarrow} 1 \tag{3.4}$$

を示そう．インパルスの定義 (式 (2.5)) に注意し，式 (3.1) に $x(n) = \delta(n)$ を代入すると

$$Z[\delta(n)] = \sum_{n=-\infty}^{\infty} \delta(n) z^{-n} = \delta(0) z^{-0} = 1 \tag{3.5}$$

を得る．したがって，式 (3.4)が成立する．

次に，

$$2\delta(n-2) \overset{z}{\leftrightarrow} 2z^{-2} \tag{3.6}$$

であることを示す．$2\delta(n-2)$ は，図 3.1(b) の信号である．式 (3.1)に $x(n) = 2\delta(n-2)$ を代入すると

$$Z[2\delta(n-2)] = 2 \sum_{n=-\infty}^{\infty} \delta(n-2) z^{-n} = 2\delta(0) z^{-2} = 2z^{-2} \tag{3.7}$$

を得る．ここで，$\delta(n-2)$ はカッコ内がゼロとなるとき ($n=2$)，値 1 をとることに注意してほしい．

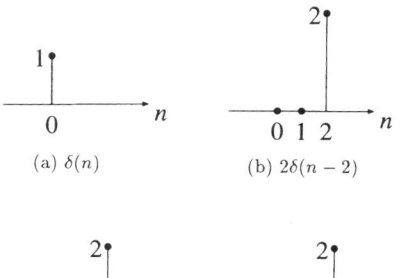

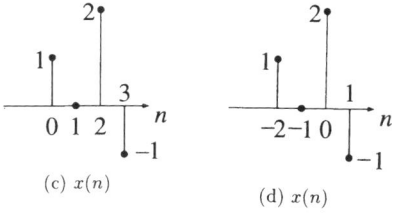

図 3.1 信号例

3.1 z 変 換

最後に，図 3.1(c) の信号 $x(n)$ の z 変換を考えよう．この信号は，
$$x(n) = \delta(n) + 2\delta(n-2) - \delta(n-3) \tag{3.8}$$
とインパルスを用いて表現できるので，同様に，その z 変換は
$$x(n) \overset{z}{\leftrightarrow} 1 + 2z^{-2} - z^{-3} \tag{3.9}$$
と求められる．

いま，任意の信号 $x(n)$ をインパルスを用いて表現できることを思い出してほしい (式 (2.7))．したがって，上述の例のように，インパルスに対する z 変換がわかれば，容易に任意の信号の z 変換を求めることができる．

【例題 3.1】 図 3.1(d) の信号をインパルスを用いて表し，z 変換を求めよ．

【解答】 $x(n) = \delta(n+2) + 2\delta(n) - \delta(n-1)$ と表現され，z 変換は $X(z) = z^2 + 2 - z^{-1}$ となる．各 z の指数は各信号値の時刻を，z の係数は単に信号値が対応することがわかる．

□

3.1.2　z 変換の性質

z 変換を実際の場面で使いこなすためには，以下に示す z 変換の性質を理解する必要がある．z 変換では，常に以下の関係が成立する．

（1）　線　形　性

任意の 2 つの信号 $x_1(n)$, $x_2(n)$ の z 変換をそれぞれ $X_1(z) = Z[x_1(n)], X_2(z) = Z[x_2(n)]$ とする．このとき，
$$\begin{aligned} Z[ax_1(n) + bx_2(n)] &= aZ[x_1(n)] + bZ[x_2(n)] \\ &= aX_1(z) + bX_2(z) \end{aligned} \tag{3.10}$$
が成立する．ここで，a および b は任意の定数である．この性質を線形性という．

式 (3.8) と式 (3.9) の関係に再び注目しよう．この関係は，3 つの信号 ($\delta(n)$, $2\delta(n-2)$, $\delta(n-3)$) の z 変換をそれぞれ重ね合わせたものである．これが成立するのが線形性である．z 変換の定義が加算という線形演算であるので，この線形性が成り立つ．

（2）　時間シフト

信号 $x(n)$ の z 変換が $X(z) = Z[x(n)]$ であるとき,
$$x(n-k) \overset{z}{\leftrightarrow} X(z)z^{-k}, \ (k:任意の整数) \tag{3.11}$$
が成立する．

時間シフトとは，例えば図 3.1(c) と (d) の関係である．両者の関係は，$x(n+2)$ あるいは逆に $x(n-2)$ と記述することができる．したがって，式 (3.8) と例題 3.1 に示したように，一方の z 変換がわかれば，それに z^2 あるいは z^{-2} をかけると，他方の z 変換となる．

（3） たたみ込み

任意の 2 つの信号 $x_1(n)$, $x_2(n)$ の z 変換をそれぞれ $X_1(z) = Z[x_1(n)]$, $X_2(z) = Z[x_2(n)]$ とする．このとき，両者がたたみ込みの関係にあるとき（式 (2.14)），
$$\sum_{k=-\infty}^{\infty} x_1(k)x_2(n-k) \overset{z}{\leftrightarrow} X_1(z)X_2(z) \tag{3.12}$$
が成立する．

ここで，2.4.1 で述べたたたみ込みの計算法を再び考えよう．(3) の多項式として計算する方法が，この性質そのものである．2 つの信号の z 変換を求め，両者の多項式を計算することにより，たたみ込みの結果を知ることができる．この関係の証明を演習問題 (9) とする．

【**例題 3.2**】 図 3.2(a) の信号を考える．以下の問いに答えよ．

(a) 信号 $x(n)$ を z 変換せよ．

(b) 信号 $x(n-1)$ の z 変換を求めよ．

(c) 信号 $x(n) + x(n-1)$ の z 変換を求めよ．

(d) 信号 $x(n)$ と $x(n-1)$ のたたみ込みを求めよ．

【**解答**】 (a) $X(z) = 1 - z^{-1} + z^{-2}$, (b) 時間シフトの性質から，$X(z)z^{-1} = z^{-1} - z^{-2} + z^{-3}$（図 3.2(b) 参照），(c) 線形性から，$X(z) + X(z)z^{-1} = 1 + z^{-3}$（図 3.2(c)），(d) たたみ込みの性質から，$X(z)X(z)z^{-1} = (1 - z^{-1} + z^{-2})(z^{-1} - z^{-2} + z^{-3}) = z^{-1} - 2z^{-2} + 3z^{-3} - 2z^{-4} + z^{-5}$ を得る．ゆえに，その係数値から，たたみ込みの結果として図 3.2(d) を得る． □

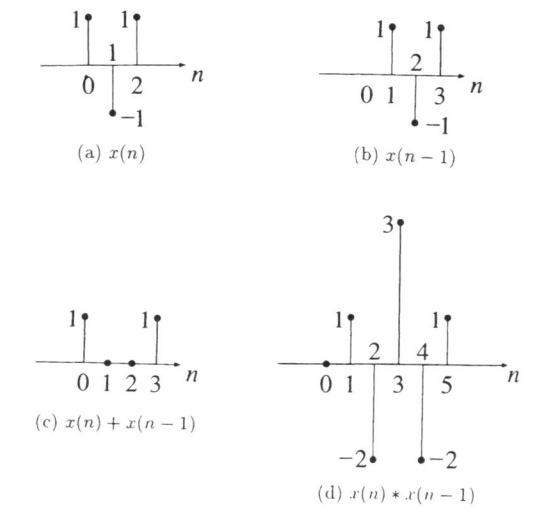

図 3.2　例題 3.2

(a) $x(n)$
(b) $x(n-1)$
(c) $x(n)+x(n-1)$
(d) $x(n)*x(n-1)$

3.2　システムの伝達関数

前章では，線形時不変システムの情報を，インパルス応答がすべて持っていることを述べた．ここでは，インパルス応答に換わる表現として，システムの伝達関数を定義する．IIR システムのように，インパルス応答では無限の表現が必要になるシステムに対しても，伝達関数は有限な表現を与え，表現としてより簡潔である．

3.2.1　システムの伝達関数

インパルス応答 $h(n)$ の z 変換として伝達関数を定義しよう．

（1）　伝達関数の定義

線形時不変システムでは，図 3.3 に示すように，入力信号 $x(n)$，インパルス応答 $h(n)$ と出力信号 $y(n)$ の間に，たたみ込み

$$y(n) = \sum_{k=-\infty}^{\infty} h(k)x(n-k) \tag{3.13}$$

3 z変換とシステムの伝達関数

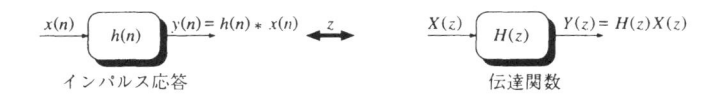

図3.3 システムの入出力関係

が成立する (式 (2.16)). この関係は, z変換のたたみ込みの性質から

$$Y(z) = H(z)X(z) \tag{3.14}$$

と表現できる. ただし, $Y(z) = Z[y(n)]$, $H(z) = Z[h(n)]$, $X(z) = Z[x(n)]$ である.

ここで, $H(z)$ を**システムの伝達関数** (transfer function), あるいはシステム関数という. したがって, 伝達関数 $H(z)$ は, インパルス応答 $h(n)$ の z変換, あるいは入出力信号の z変換の比,

$$H(z) = \frac{Y(z)}{X(z)} \tag{3.15}$$

として定義される.

後述するように, 伝達関数 $H(z)$ から逆にインパルス応答 $h(n)$ を求めることもできる. ゆえに, インパルス応答と伝達関数は, システムのまったく同じ情報を異なる形で持っていることを注意しておく.

(2) 非再帰型システムの伝達関数

非再帰型システムは, FIRシステムでもある. まず, 3点平均を求めるシステム

$$y(n) = \frac{1}{3}(x(n) + x(n-1) + x(n-2)) \tag{3.16}$$

を考えよう. このシステムのインパルス応答は $h(n) = 1/3(\delta(n) + \delta(n-1) + \delta(n-2))$ であるので, 伝達関数は, その z変換として

$$H(z) = \frac{1}{3}(1 + z^{-1} + z^{-2}) \tag{3.17}$$

と与えられる.

次に, 式 (3.15)の定義に基づくと, 同じ結果を異なるアプローチで求めることができることを示す. いま, $Y(z) = Z[y(n)]$, $X(z) = Z[x(n)]$ とおくと, 時間シフトの性質から, $X(z)z^{-1} = Z[x(n-1)]$, $X(z)z^{-2} = Z[x(n-2)]$ を得る. ゆえに, 式 (3.16)を z変換すると

3.2 システムの伝達関数

$$Y(z) = \frac{1}{3}(X(z) + X(z)z^{-1} + X(z)z^{-2})$$
$$= \frac{1}{3}(1 + z^{-1} + z^{-2})X(z) \tag{3.18}$$

となる．したがって，伝達関数は
$$H(z) = \frac{Y(z)}{X(z)} = \frac{1}{3}(1 + z^{-1} + z^{-2}) \tag{3.19}$$
と求められる．

両者のアプローチに本質的な差異はない．しかし，3.2.2 で述べる再帰型システムに対しては，後者がより簡潔に伝達関数を与える．

（3） 伝達関数の一般形

非再帰型システムの一般的な伝達関数を与えよう．因果性を満たす非再帰型システムは，
$$y(n) = \sum_{k=0}^{N-1} h(k)x(n-k), \ (N: 正整数) \tag{3.20}$$
と表現される．これはたたみ込みの特殊な場合に相当する．3 点平均の場合と同様に，伝達関数を求めると
$$Y(z) = \sum_{k=0}^{N-1} [h(k)z^{-k}] X(z) \tag{3.21}$$
より，
$$H(z) = \frac{Y(z)}{X(z)} = \sum_{k=0}^{N-1} h(k) z^{-k} \tag{3.22}$$
となる．

伝達関数の z 係数が，直接インパルス応答に対応することに注意してほしい．また，伝達関数は z 多項式であり，この多項式の次数を伝達関数の**次数** (order) という．式 (3.22) の伝達関数の次数は $N-1$ 次であり，式 (3.19) は 2 次の伝達関数である．

（4） 伝達関数の構成

式 (3.22) の伝達関数を持つシステムは，図 3.4 のようなハードウェア構成により実現することができる．この構成は，先に述べた図 2.12 の構成に対応する．この伝達関数は式 (3.20) と同じシステムであるので，この構成となる．

ここで，"z^{-1}" という表現に注意してほしい．これは，先の "D" と同様に，信号をシフトする遅延器を表している．すなわち，遅延器の入出力関係は，

$y(n) = x(n-1)$ であるので，その z 変換は
$$Y(z) = z^{-1}X(z) \tag{3.23}$$
である．したがって，"z^{-1}" は遅延器の伝達関数である．しばしば，図 2.12 の表現を時間領域の表現，図 3.4 の表現を z 領域の表現という．

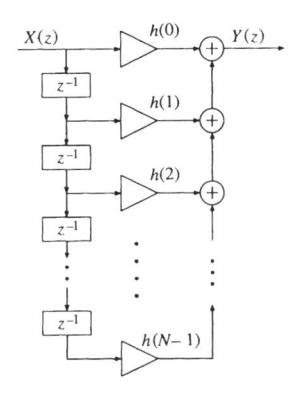

図 3.4 非再帰型システムの構成

【例題 3.3】 システム $y(n) = x(n) - 2x(n-1) + x(n-2)$ の伝達関数を求めよ．

【解答】 $H(z) = 1 - 2z^{-1} + z^{-2}$ となる． □

3.2.2 再帰型システムの伝達関数と極

フィードバックを持つ再帰型システムの伝達関数を考えよう．IIR システムは再帰型システムとして実現される．次に伝達関数から極と零点を定義する．

（1） 伝達関数の導出法

いま，フィードバックを持つシステムとして，
$$y(n) = x(n) + by(n-1) \tag{3.24}$$
を例にする．ここで，b は定数である．このように，右辺に出力 $y(n)$ を持つシステム表現を定係数差分方程式と呼んだ．

先の非再帰型システムの場合とほぼ同様に，システムの伝達関数を求めるこ

3.2 システムの伝達関数

とができる．まず，両辺を z 変換すると

$$Y(z) = X(z) + bY(z)z^{-1} \tag{3.25}$$

となる．次に，$Y(z)$ と $X(z)$ について整理すると

$$Y(z)(1 - bz^{-1}) = X(z) \tag{3.26}$$

を得る．ゆえに，伝達関数 $H(z)$ は，式 (3.15)から

$$H(z) = \frac{Y(z)}{X(z)} = \frac{1}{1 - bz^{-1}} \tag{3.27}$$

となる．

【例題 3.4】 式 (3.24)のシステムのインパルス応答を求め，それを z 変換せよ．

【解答】 伝達関数を求める方法の一つに，インパルス応答を求め，それを z 変換する方法がある．このシステムのインパルス応答は，式 (2.34)に示した．ゆえに，インパルス応答の z 変換は，

$$H(z) = 1 + bz^{-1} + b^2 z^{-2} + b^3 z^{-3} + \cdots$$

となる．この表現は，一見，式 (3.27)と異なる．しかし，上式は等比級数 (公比 $r = bz^{-1}$) であるので，$|bz^{-1}| < 1$ の下で，$1/(1 - r)$ と整理でき，式 (3.27)と一致する． □

(2) 伝達関数の一般形

式 (2.32)から，定係数差分方程式の一般形は

$$y(n) = \sum_{k=0}^{M} a_k x(n-k) - \sum_{k=1}^{N} b_k y(n-k) \tag{3.28}$$

である．ゆえに，両辺を z 変換すると

$$Y(z) = \sum_{k=0}^{M} a_k z^{-k} X(z) - \sum_{k=1}^{N} b_k z^{-k} Y(z) \tag{3.29}$$

となり，整理すると

$$H(z) = \frac{Y(z)}{X(z)} = \frac{\displaystyle\sum_{k=0}^{M} a_k z^{-k}}{1 + \displaystyle\sum_{k=1}^{N} b_k z^{-k}} \tag{3.30}$$

を得る．これが，再帰型システムの伝達関数の一般形である．ここで，整数 M

と N の大きいほうの値を，伝達関数の**次数**という．例えば，式 (3.27) の伝達関数の次数は 1 次である．

このシステムは，先に述べたように，図 3.5 の構成に対応する．ここで，以下の点に着目してほしい．

- 伝達関数の分子は，式 (3.28) の入力 $x(n-k)$ の係数から決まる．
- 伝達関数の分母は，式 (3.28) の出力 $y(n-k)$ の係数に対応し，図 3.5 のフィードバック項を決定する．
- 全ての b_k が 0 のとき，非再帰型システムに対応する．
- 伝達関数の分母の係数 b_k は，式 (3.28) の $y(n-k)$ の係数 $(-b_k)$ と逆符号である．

最後の特徴は，伝達関数の導出過程からわかるように，$Y(z)$ の移項の際の符号反転に起因する．

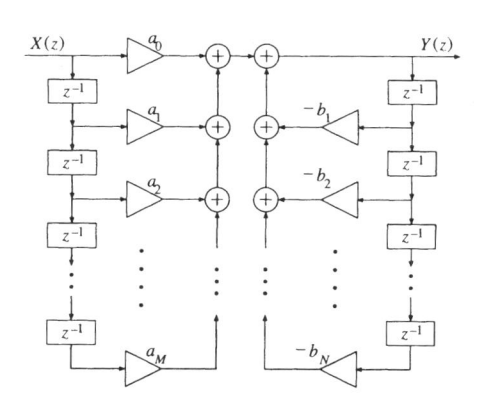

図 3.5 再帰型システムの構成

【**例題 3.5**】 システム $y(n) = 2x(n) - x(n-1) + 0.5y(n-2)$ の伝達関数を求め，そのシステムを構成せよ．

【**解答**】 伝達関数 $H(z) = (2 - z^{-1})/(1 - 0.5z^{-2})$ となり，図 3.6 の構成を得る． □

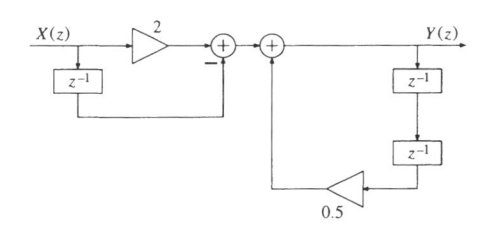

図 **3.6** 例題 3.5

（3） 伝達関数の極と零点

伝達関数の特徴を調べる際に，しばしば次に定義される伝達関数の極 (pole) と零点 (zero) を用いる．

式 (3.30) の伝達関数を再び考えよう．伝達関数は，z 多項式の比で与えられることがわかる．多項式は，多項式の次数と等しい数の根を持つ．$H(z) = 0$ となる z の根を伝達関数の**零点**という．これは，分子多項式の根に対応する．一方，$H(z) = \infty$ となる z の根を伝達関数の**極**という．これは，分母多項式の根に対応する．

具体例を考えよう．3 点平均の伝達関数は，式 (3.19) と与えられる．ゆえに，因数分解すると，

$$H(z) = \frac{1}{3z^2}(z^2 + z + 1)$$
$$= \frac{1}{3z^2}(z - (-1/2 + j\sqrt{3/4}))(z - (-1/2 - j\sqrt{3/4})) \quad (3.31)$$

を得る．したがって，零点は，$z_{01} = -1/2 + j\sqrt{3/4}$，$z_{02} = -1/2 - j\sqrt{3/4}$ の 2 つであり，極は $z_{p0} = z_{p1} = 0$ の 2 つである (重根)．この値を実数部を横軸に，虚数部を縦軸にとった複素平面に図示すると，図 3.7(a) を得る．非再帰型システムの伝達関数の極は，すべて原点に存在することに注意してほしい．

【例題 3.6】 式 (3.27) の伝達関数の極と零点を求めよ．

【解答】 式 (3.27) は，$H(z) = z/(z-b)$ と整理される．ゆえに，零点は $z_{01} = 0$，極は $z_{p1} = b$ である．このようすを図 3.7(b) に示す ($b = 0.5$)．　　□

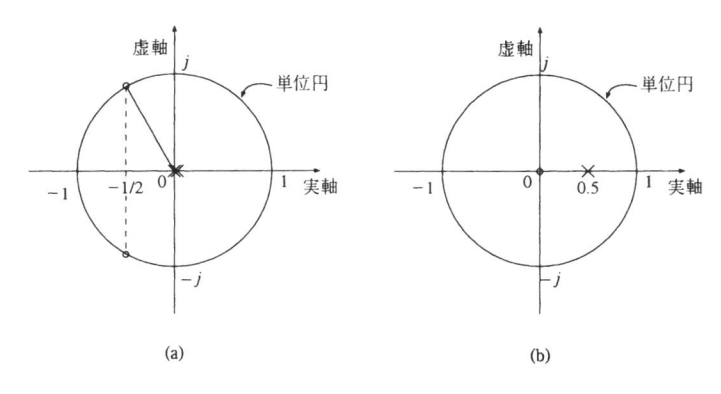

図 3.7　極と零点 (○:零点, ×:極)

3.3　逆 z 変換とシステムの安定性

ここまでは，離散時間信号 $x(n)$ の z 変換 $X(z)$ について述べてきた．次に，$X(z)$ から $x(n)$ を求める方法について説明する．両者を区別するとき，前者を順 z 変換，後者を逆 z 変換という (図 3.8 参照).

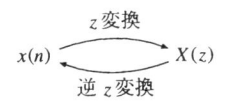

図 3.8　z 変換と逆 z 変換

3.3.1　逆 z 変換の計算法

いま，$X(z)$ の逆 z 変換 $x(n)$ を

$$x(n) = Z^{-1}[X(z)] \tag{3.32}$$

と表そう．この逆 z 変換は，厳密には，以下の複素積分の実行により計算される．

$$x(n) = \frac{1}{2\pi j} \oint_C X(z) z^{n-1} dz \tag{3.33}$$

ここで，積分路 C は，収束領域内での原点を内部に含む半時計方向の円周路である．以下では，上式を用いずに，簡単に逆 z 変換が実行可能なことを示す．

（1）　べき級数展開法

3.3 逆 z 変換とシステムの安定性

式 (3.1) の z 変換から明らかなように，$X(z)$ が z の多項式 (べき級数) で与えられる場合，離散時間信号 $x(n)$ は，各 z の係数に対応する．したがって，例えば，$X(z) = \frac{1}{3}(1 + z^{-1} + z^{-2})$ の逆 z 変換は

$$x(n) = Z^{-1}[X(z)] = \frac{1}{3}(\delta(n) + \delta(n-1) + \delta(n-2)) \tag{3.34}$$

と容易に求められる．

次に，$X(z) = 1/(1 - bz^{-1})$ の逆 z 変換を求めよう．これは，べき級数ではないが，次式のようにべき級数に展開することができる[†]．

$$X(z) = \frac{1}{1 - bz^{-1}} = 1 + bz^{-1} + b^2 z^{-2} + b^3 z^{-3} + \cdots \tag{3.35}$$

この展開は，例題 3.4 の z 変換，あるいは次のような多項式の除算により理解することができる．

$$
\begin{array}{r}
1 + bz^{-1} + b^2 z^{-2} + \cdots \\
1 - bz^{-1} \overline{\smash{)}\ 1 } \\
\underline{1 - bz^{-1}} \\
bz^{-1} \\
\underline{bz^{-1} - b^2 z^{-2}} \\
b^2 z^{-2} \\
\underline{b^2 z^{-2} - b^3 z^{-3}} \\
b^3 z^{-3}
\end{array}
\tag{3.36}
$$

したがって，式 (3.35) の逆 z 変換は

$$x(n) = Z^{-1}[X(z)] = b^n u(n) \tag{3.37}$$

となる．ここで，$u(n)$ は単位ステップ信号である．

このように，z のべき級数に展開し，逆 z 変換を実行する方法をべき級数展開法という．

【**例題 3.7**】 $X(z) = (2 - 3z^{-1})/(1 - 0.5z^{-1})$ の逆 z 変換を求めよ．

【**解答**】 $X(z)$ は $X(z) = 2/(1 - 0.5z^{-1}) - 3z^{-1}/(1 - 0.5z^{-1})$ と変形される．ゆえに，z 変換の線形性と時間シフトの性質から，式 (3.37) の結果を利用すると

[†] ここでは，$x(n) = 0, n < 0$ を仮定する．この仮定がないと，式 (3.35) の展開を得ることができない (演習問題 (1) の (d) 参照)．

$$x(n) = Z^{-1}[X(z)] = 2(0.5)^n u(n) - 3(0.5)^{n-1} u(n-1)$$

と与えられる。 □

(2) 部分分数展開法

次に，より一般的な関数の逆 z 変換を考えよう．いま，

$$X(z) = \frac{1}{1 - 1.5z^{-1} + 0.5z^{-2}} = \frac{1}{(1 - 0.5z^{-1})(1 - z^{-1})} \tag{3.38}$$

の逆 z 変換を例にする．これは，次のように部分分数展開することができる．

$$X(z) = -\frac{1}{1 - 0.5z^{-1}} + \frac{2}{1 - z^{-1}} \tag{3.39}$$

したがって，z 変換の線形性と式 (3.37) から，上式の逆 z 変換は

$$x(n) = Z^{-1}[X(z)] = -(0.5)^n u(n) + 2u(n) \tag{3.40}$$

と求められる．

以上のように，高次の関数を部分分数展開すると，複数個の低次の逆変換の問題に帰着することができる．このような解法を部分分数展開法という．

3.3.2 極によるシステムの安定判別

伝達関数の極を用いてシステムの安定判別を行う方法について述べる．線形シフト不変システムの安定判別を，インパルス応答を用いて行えることを先に述べた (式 (2.36))．結論は，インパルス応答の絶対値和が有限であるとき，すなわち

$$\sum_{n=-\infty}^{\infty} |h(n)| < \infty \tag{3.41}$$

が成立するとき，システムは安定である．

しかし，この安定判別法は，無限個のインパルス応答を用いて行うため，複雑である．以下では，伝達関数の極を用いることにより，無限を意識せずに安定判別を行えることを示す．

(1) 伝達関数とインパルス応答

伝達関数は，インパルス応答を z 変換したものである．したがって，伝達関数を逆 z 変換すれば，伝達関数からインパルス応答を求めることができる．例えば，$H(z) = 1/(1 - bz^{-1})$ のインパルス応答は，

$$h(n) = b^n u(n) \tag{3.42}$$

3.3 逆z変換とシステムの安定性

となる．したがって，このシステムが安定であるためには，式 (3.41) から

$$|b| < 1 \tag{3.43}$$

であればよい．b の値は伝達関数の極であるから，逆 z 変換を行う前に，極の大きさから同じ結論を導くことは容易である．

次に，伝達関数

$$H(z) = \frac{A_1}{1 - b_1 z^{-1}} + \frac{A_2}{1 - b_2 z^{-1}} \tag{3.44}$$

を考えよう．ここで，A_1 と A_2 は定数である．これは，2次の伝達関数を部分分数展開したものであり，b_1 と b_2 は極である．逆 z 変換を行うと，インパルス応答を

$$h(n) = A_1 (b_1)^n u(n) + A_2 (b_2)^n u(n) \tag{3.45}$$

と求めることができる．したがって，このシステムが安定であるためには

$$|b_1| < 1, \quad |b_2| < 1 \tag{3.46}$$

のように，2つの極の大きさが，共に1より小さければよい．

以上のように，伝達関数を逆 z 変換する前に，極の大きさを判別することにより，安定なシステムかどうかを知ることができる．結論は，伝達関数のすべての極の絶対値が1より小さいとき，そのシステムは安定となる (図 3.9 参照)[†]．

(a) 安定　　(b) 不安定

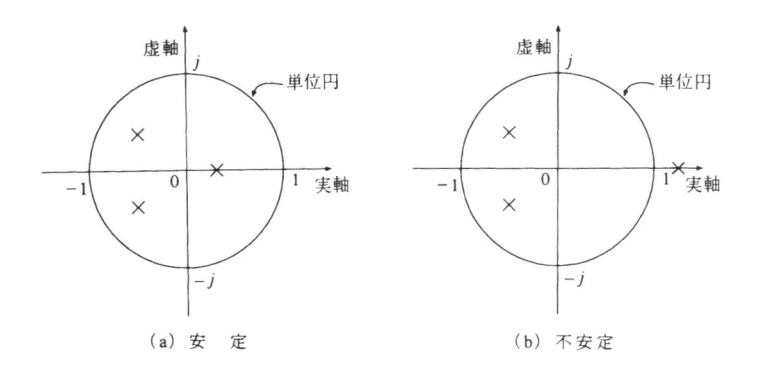

図 3.9　安定なシステムの極配置

[†] この結論は，システムの因果性を仮定している．すなわち，$h(n) = 0$, $n < 0$ を仮定する．

【例題 3.8】 式 (3.38)のシステムの安定性を判別せよ．

【解答】 この伝達関数の極は，$z_{p1} = 0.5$ と $z_{p2} = 1$ の2つである．ゆえに，z_{p2} の大きさは1以上であるので，このシステムは不安定である． □

3.4 システムの周波数特性

システムの周波数特性を考えよう．ここでは，システムの周波数特性とは何か，その計算法と表示法，その有用性について述べる．

3.4.1 システムの周波数特性とは
（1） 振幅特性と位相特性
線形時不変システムでは，図 3.10 に示すように，正弦波信号 $x(n) = \cos(\omega n)$ を入力したとき，出力信号は $y(n) = A(\omega)\cos(\omega n + \theta(\omega))$ と与えられる．すなわち
- 出力も同じ周波数 (ω) を持つ正弦波信号である
- システムは正弦波信号の大きさ ($A(\omega)$) と位相 ($\theta(\omega)$) のみを変える働きがある
- 大きさ ($A(\omega)$) と位相 ($\theta(\omega)$) は，周波数 (ω) の関数であり，入力信号の周波数により，値が異なる

という特徴がある．

$$x(n) = \cos(\omega n) \rightarrow \boxed{\text{線形時不変システム}} \rightarrow y(n) = A(\omega)\cos(\omega n + \theta(\omega))$$

図 3.10 線形時不変システムの入出力関係

ここで，入力と出力の大きさ (振幅) の関係 $A(\omega)$ を **振幅特性** (amplitude characteristics) という．位相の関係 $\theta(\omega)$ を **位相特性** (phase characteristics) という．また，**システムの周波数特性** (frequency characteristics) とは，振幅

特性と位相特性の両方を含む表現である．

このように，もしすべての周波数についてシステムの周波数特性を調べることができれば，任意の正弦波信号に対する出力をその結果から容易に知ることが可能となる．また，詳細は次章で述べるが，正弦波信号以外の入力に対する出力も，この周波数特性から決定される．つまり，インパルス応答や伝達関数と同様に，周波数特性は，線形時不変システムのすべての能力を表現している．

（2） 複素正弦波信号入力

次に，複素正弦波信号

$$x(n) = e^{j\omega n} = \cos(\omega n) + j\sin(\omega n) \tag{3.47}$$

に対する出力を考えてみよう．たたみ込みの式に上式を代入し，整理すると

$$y(n) = \sum_{k=-\infty}^{\infty} h(k)x(n-k) = \sum_{k=-\infty}^{\infty} h(k)e^{j\omega(n-k)}$$

$$= e^{j\omega n} \sum_{k=-\infty}^{\infty} h(k)e^{-j\omega k} \tag{3.48}$$

となる．いま，上式の右辺を

$$H(e^{j\omega}) = \sum_{k=-\infty}^{\infty} h(k)e^{-j\omega k} \tag{3.49}$$

とおく．ここで，上式の値は複素数値であるので，

$$H(e^{j\omega}) = A(\omega)e^{j\theta(\omega)} \tag{3.50}$$

のように，大きさ（実数値）$A(\omega)$ と偏角 $\theta(\omega)$ を用いて極座標表現される．式(3.50)を式(3.48)に代入すると，

$$y(n) = e^{j\omega n} A(\omega) e^{j\theta(\omega)} = A(\omega)e^{j(\omega n + \theta(\omega))}$$

$$= A(\omega)\cos(\omega n + \theta(\omega)) + jA(\omega)\sin(\omega n + \theta(\omega)) \tag{3.51}$$

を得る．

上式は，以下に示す重要な結論を含んでいる．

- □ 複素正弦波信号に対する出力信号も，正弦波信号と同様に，大きさと位相のみが入力信号と異なる．
- □ 式(3.49)を計算し，式(3.50)の式の変形を行えば，大きさと位相の特性を入力信号と独立に知ることができる．

第一の結論は，システムの線形性から自明である．また，第二の結論から，任

意の正弦波信号に対する入出力関係を,式 (3.49)に基づきインパルス応答を用いて計算できることがわかる.式 (3.49)の $H(e^{j\omega})$ は**周波数特性**,それを式 (3.50)のように極座標表現した大きさ $A(\omega)$ は**振幅特性**,偏角 $\theta(\omega)$ は**位相特性**である.

【**例題 3.9**】 3点平均のシステム $y(n) = 1/3(x(n)+x(n-1)+x(n-2))$ の振幅特性と位相特性を求めよ.

【**解答**】 このシステムのインパルス応答を式 (3.49)に代入し,オイラーの公式を用いて整理すると,

$$H(e^{j\omega}) = \sum_{k=0}^{2} \frac{1}{3} e^{-j\omega k} = \frac{1}{3}(e^{j\omega} + 1 + e^{-j\omega})e^{-j\omega}$$
$$= \frac{1}{3}(2\cos\omega + 1)e^{-j\omega} \tag{3.52}$$

と周波数特性の極座標表現を得る.ゆえに,振幅特性と位相特性は

$$A(\omega) = \frac{1}{3}(2\cos\omega + 1), \quad \theta(\omega) = -\omega \tag{3.53}$$

となる.このようすを ω を横軸に図に描くと,図 3.11(a)を得る.ここで,位相特性において $e^{j\pi} = e^{-j\pi}$ であることに注意してほしい.図の描き方には自由度があり,詳細は 3.4.3 で述べる. □

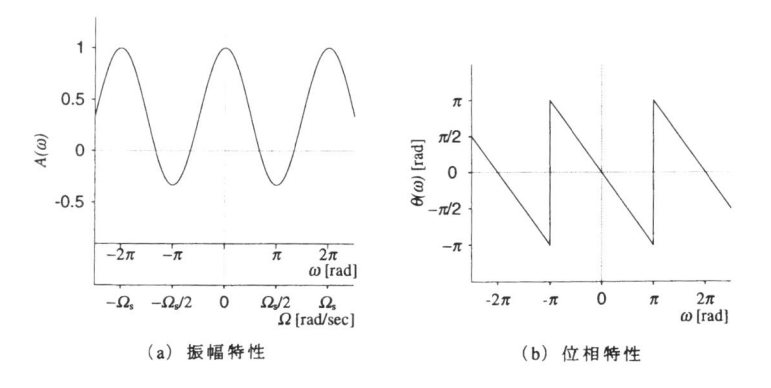

(a) 振幅特性

(b) 位相特性

図 **3.11** 3点平均の周波数特性

3.4.2 伝達関数と周波数特性

周波数特性の計算法をより具体的に説明する．先に述べたように，周波数特性はインパルス応答を用いて計算可能であるが，伝達関数から求めることもできる．IIR システムでは，後者の計算法がより便利で実際的である．

（1） インパルス応答を用いた計算

インパルス応答 $h(n)$ が既知であるとき，式 (3.49) にそれを直接代入することにより，周波数特性を求めることができる．しかし IIR システムでは，この方法は，無限個のインパルス応答を扱う必要があり，容易ではない．そこで，次の方法が広く使用されている．

（2） 伝達関数を用いた計算

伝達関数 $H(z)$ が既知であるとき，その z に $e^{j\omega}$ を代入する．すなわち

$$H(e^{j\omega}) = H(z)|_{z=e^{j\omega}} \tag{3.54}$$

により，周波数特性を求めることができる．

この方法の正当性は，次のように説明される．まず，インパルス応答の z 変換が伝達関数であるので，z 変換の定義を思い出そう (式 (3.1))．この式の $x(n)$ に $h(n)$ を，z に $e^{j\omega}$ を代入すると，式 (3.49) と一致する．すなわち，伝達関数の z に $e^{j\omega}$ を代入した結果と，式 (3.49) を直接計算した結果は一致する．また，$e^{j\omega}$ の値は，図 3.12 に示すように複素平面上の単位円周上の値に対応することに注意してほしい．

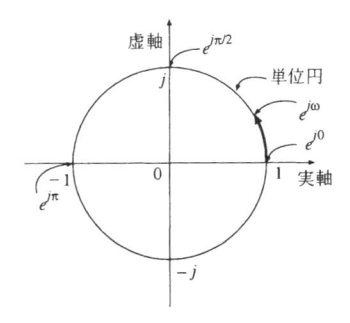

図 3.12 $e^{j\omega}$ の値

【例題 3.10】 $H(z) = 1/(1 - bz^{-1})$ の周波数特性を求めよ．

【解答】 z に $e^{j\omega}$ を代入し，極座標表現に整理すると

$$H(e^{j\omega}) = 1/(1 - be^{-j\omega}) = 1/(1 - b\cos\omega + jb\sin\omega)$$
$$= (1/\sqrt{(1 - b\cos\omega)^2 + (b\sin\omega)^2})e^{j\theta(\omega)}$$

となり，振幅特性と位相特性は，それぞれ

$$A(\omega) = 1/\sqrt{(1 - b\cos\omega)^2 + (b\sin\omega)^2}$$
$$\theta(\omega) = tan^{-1}\left(\frac{-b\sin\omega}{1 - b\cos\omega}\right)$$

となる．これは，図 3.13 に示す周波数特性となる． □

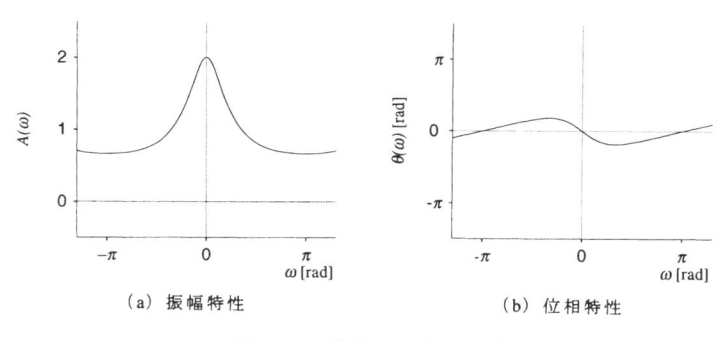

(a) 振幅特性　　(b) 位相特性

図 3.13 例題 3.11 ($b = 0.5$)

（3） 時間領域，z 領域と周波数領域

線形時不変システムに関する重要な結論を図 3.14 にまとめる．線形時不変システムの入出力関係は，たたみ込み，あるいは定係数差分方程式で与えられた（式 (2.14)，式 (2.32)）．このようなシステムや信号の表現を**時間領域表現**という．システムの時間領域表現において，最も重要な量はインパルス応答 $h(n)$ である．

このシステムの入出力関係を z 変換すると，$Y(z) = H(z)X(z)$ と積の関係で与えられる．システムや信号を z 変換した表現を **z 領域表現** という．ここで，$H(z)$ はインパルス応答を z 変換したもので，システムの伝達関数と呼んだ．$H(z)$ を逆 z 変換すると，伝達関数からインパルス応答を求めることもできる．

3.4 システムの周波数特性

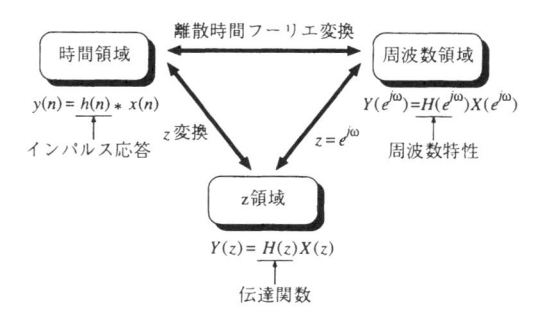

図 3.14 システムの表現

z領域表現の z に $e^{j\omega}$ を代入すると，$Y(e^{j\omega}) = H(e^{j\omega})X(e^{j\omega})$ の関係を得る．このような表現を**周波数領域表現**という．また，$H(e^{j\omega})$ を周波数特性と呼んだ．周波数特性 $H(e^{j\omega})$ は，インパルス応答 $h(n)$ から直接求めることもできる (式 (3.49))．時間領域と周波数領域のより厳密な関係は，次章で述べる離散時間フーリエ変換により説明される．

以上のように，ディジタル信号では 3 つの領域を必要に応じて使い分ける．時間領域表現は，実際に信号を処理する際に特に重要であり，周波数領域表現は，信号やシステムの特性の評価及び解析において重要である．z領域表現は，システムを簡潔に表現したり，設計する際に使用される．どの領域を用いても，互いに他の領域に表現し直すことが可能であり，表現される情報に差がないことに注意してほしい．

3.4.3 周波数特性の描き方

図 3.11 に周波数特性，すなわち振幅特性と位相特性の一例を示した．しかし，周波数特性の描き方には自由度があり，他の描き方も可能である．ここでは，まずその自由度について説明する．次に，実際の場面で周波数特性を正しく使いこなすために必要な，幾つかのポイントを補足する．

（1）　周波数特性の描き方

図 3.11 の 3 点平均のシステムを再び例にしよう．このシステムの周波数特性は

$$H(e^{j\omega}) = \frac{1}{3}(2\cos\omega + 1)e^{-j\omega} \tag{3.55}$$

となった．ゆえに，振幅特性と位相特性を
$$A(\omega) = \frac{1}{3}(2\cos\omega + 1), \quad \theta(\omega) = -\omega \tag{3.56}$$
を考え，周波数特性を描いたのが，図 3.11 である．ここで，$\theta(\omega) = -\omega$ は原点を通る傾き -1 の直線であるが，$e^{-j\omega} = e^{-j(\omega+2\pi)}$ が成立するので，$-\pi < \theta(\omega) \leqq \pi$ の範囲で位相特性を描いている．もちろん，直線として位相特性を描いてもよい．

次に，振幅特性に着目しよう．式 (3.56) の $A(\omega)$ は実数であるが，ω の値によっては負の値となる．一方，振幅特性として周波数特性の絶対値 $A(\omega) = |H(e^{j\omega})|$ を用いることがある．このとき，図 3.11 の周波数特性図は図 3.15 のように置き

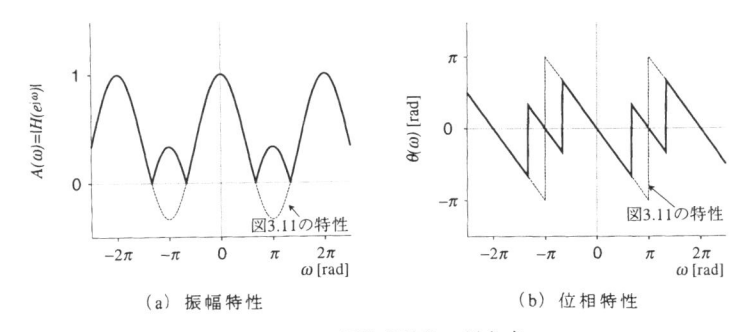

(a) 振幅特性　　(b) 位相特性

図 **3.15**　周波数特性の描き方

換わる．ここで，振幅特性のみならず，位相特性も変化したことに注意してほしい．これは，$-1 = e^{j\pi}$ の関係から，振幅を絶対値で定義すると，振幅が負の値をとる周波数範囲で，位相が π[rad] 変化するためである．

(2)　周波数特性は周期的

図 3.11 と図 3.15 の周波数特性に再び注目しよう．振幅特性と位相特性共に，$\omega = 2\pi$ で周期的な特性となることがわかる．これは，線形時不変システムにおいて常に成立する性質である．

この性質は，$e^{j\omega} = e^{j(\omega+2\pi)}$ から
$$H(e^{j\omega}) = H(e^{j(\omega+2\pi)}) \tag{3.57}$$
が成立するためである．$\omega = \Omega/F_s = 2\pi F/F_s$ から，周期 $\omega = 2\pi$ は，非正規化表現ではサンプリング周波数 $F = F_s$ に対応する．

3.4 システムの周波数特性

この性質は，次のようにも説明することができる．例題 1.2 と演習問題 1.5 を思い出そう．例えば $F = 1$[Hz] の正弦波信号を $F_s = 4$[Hz] でサンプリングした信号と，$F' = F + F_s = 5$[Hz] の正弦波信号を $F_s = 4$[Hz] サンプリングした信号では，あるシステムに入力されたとき，同じ出力を与える．理由は，両者が同じ離散時間信号となるからである．式 (3.57) は，このような条件を満たす正弦波信号は，サンプリング周波数 F_s を周期として無数に ($F' = F + kF_s$, k:整数) 存在することを意味する．

(3) 負の周波数

周波数特性を図示する際に，しばしば負の周波数範囲 ($\omega < 0$) でも記述する．この点を次に説明しよう．

正弦波信号 $x(t) = \cos \Omega t$ の周波数は 1 秒間の周期数に相当する．したがって，負の周波数は現実的にはありえない．しかしオイラーの公式 (例題 2.2 参照) から，この信号は，複素正弦波信号を用いて

$$\cos \Omega t = (e^{j\Omega t} + e^{-j\Omega t})/2 \tag{3.58}$$

と表現される．上式から，正弦波信号の周波数が正の値であっても，対応する複素正弦波信号は負の周波数 ($-\Omega$) を持つ．周波数特性は，複素正弦波信号の表現に基づいているので，周波数特性図では負の周波数は意味がある．

(4) 振幅特性は偶対称，位相特性は奇対称

図 3.11 及び図 3.15 からもわかるように，振幅特性は $\omega = 0$ で偶対称，すなわち

$$A(\omega) = A(-\omega) \tag{3.59}$$

である．一方，位相特性は奇対称

$$\theta(\omega) = -\theta(-\omega) \tag{3.60}$$

である．この性質は，インパルス応答が実数値をとるとき，常に成立する (4.4 参照)．したがって，周期性とこの対称性から，インパルス応答が実数のシステムの周波数特性は，$0 \leq \omega < \pi$ の範囲でのみ独立であることがわかる．この結論から，ディジタルシステムが処理の対象とする入力信号の周波数は，サンプリング周波数の半分までである．

【例題 3.11】 N点平均を計算するシステム $y(n) = \frac{1}{N}(x(n)+x(n-1)+ .... + x(n-N+1))$ の周波数特性を求めよ．

【解答】 伝達関数は
$$H(z) = \frac{1}{N}(1 + z^{-1} + z^{-2} + \cdots + z^{-(N-1)})$$
となる．この式は
$$H(z) = \frac{1}{N}(1 - z^{-N})/(1 - z^{-1})$$
と整理できるので，周波数特性は，zに$e^{j\omega}$を代入し，オイラーの公式を用いて整理すると
$$\begin{aligned}H(e^{j\omega}) &= \frac{1}{N} \cdot \frac{1 - e^{-j\omega N}}{1 - e^{-j\omega}} \\ &= \frac{1}{N} \cdot \frac{(e^{j\omega N/2} - e^{-j\omega N/2})e^{-j\omega N/2}}{(e^{j\omega/2} - e^{-j\omega/2})e^{-j\omega/2}} \\ &= \frac{1}{N} \cdot \frac{\sin(\omega N/2)e^{-j\omega(N-1)/2}}{\sin(\omega/2)}\end{aligned}$$
となる．ゆえに，振幅特性 $A(\omega)$ と位相特性 $\theta(\omega)$ は
$$A(\omega) = \sin(\omega N/2)/N\sin(\omega/2), \quad \theta(\omega) = -\omega(N-1)/2$$
となる．図 3.16 に $N=3$，$N=9$ の場合の振幅特性を示す[†]．平均回数 N が大きいほど，高い周波数を通し難くなることがわかる． □

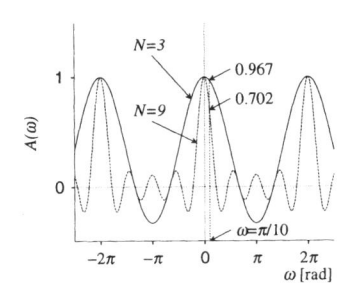

図 3.16 N点平均システムの振幅特性

【例題 3.12】 図 2.2 の正弦波信号の正規化角周波数 ω を求めよ．

[†] $\omega = 0$ のとき，$A(\omega) = 0/0$ と不定形となるが，値は $A(0) = 1$ となる (例題 4.4 参照)．

【解答】 $\omega = \Omega T_s$ の関係 (式 (1.10)) から，$\omega = \pi/10$ となる (図 3.16 参照)．図 2.2 の雑音除去の例では，正弦波信号を残し，雑音成分を除去することが望まれる．雑音成分はすべての周波数に存在するので，$\omega = \pi/10$ 以外はできるだけ除去する (小さい振幅値である) 必要がある．このことから，3 点平均より 9 点平均がより優れていることがわかる．

また，例題 3.11 の結果に $N = 3$，$N = 9$，$\omega = \pi/10$ を代入すると，$N = 3$ の場合，$A(\pi/10) = 0.967$，$\theta(\pi/10) = -\pi/10$，$N = 9$ の場合，$A(\pi/10) = 0.702$，$\theta(\pi/10) = -2\pi/5$ を得る．図 2.2 において，平均処理により信号値が小さくなったのは，振幅値が 1 以下であるからである．また，信号のずれは位相のずれが起因している．N が大きいほど位相のずれも大きいことから，処理された信号のずれも大きい． □

3.5 システムの縦続型構成と並列型構成

本章の最後の話題として，システムの構成法について説明しよう．

（1） 縦続型構成

図 3.17(a) のように，2 つのシステムを構成することを縦続型構成，または直列構成という．これは，もし

$$H_1(z) = H_2(z) = \frac{1}{3}(1 + z^{-1} + z^{-2}) \tag{3.61}$$

ならば，3 点平均を計算した結果に対して，再び 3 点平均を計算する処理に相当する．この処理全体を一つの伝達関数 $H(z)$ で表すと

$$H(z) = H_1(z)H_2(z) \tag{3.62}$$

となる (図 3.17(b))．すなわち，3 点平均の場合には

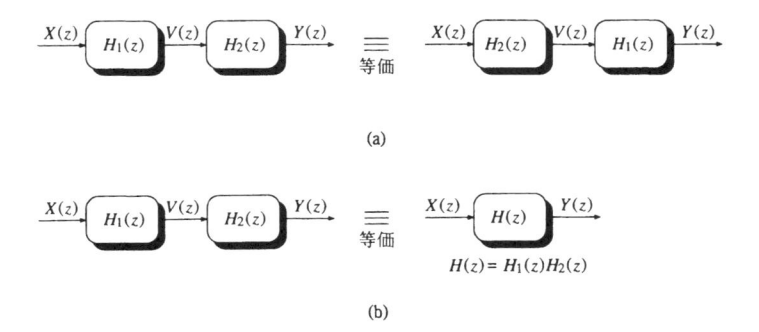

図 3.17 システムの縦続型構成

$$H(z) = \frac{1}{9}(1+z^{-1}+z^{-2})(1+z^{-1}+z^{-2})$$
$$= \frac{1}{9}(1+2z^{-1}+3z^{-2}+2z^{-3}+z^{-4}) \tag{3.63}$$

となる．

また，図に示すように，$H_1(z)$ と $H_2(z)$ の接続の順番は逆にしてもよい．この性質はたたみ込みの交換則から説明される (演習問題 2.9 参照)．

（2） 並列型構成

図 3.18 のように，2 つのシステムを構成することを並列型構成という．この処理全体を一つの伝達関数 $H(z)$ で表すと

$$H(z) = H_1(z) + H_2(z) \tag{3.64}$$

となる．すなわち，3 点平均の場合には

$$H(z) = 1/3(1+z^{-1}+z^{-2}) + 1/3(1+z^{-1}+z^{-2})$$
$$= 2/3(1+z^{-1}+z^{-2}) \tag{3.65}$$

となる．

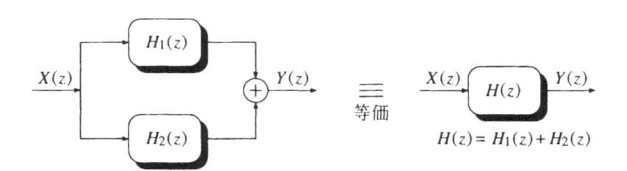

図 3.18 システムの並列型構成

【**例題 3.13**】 式 (3.63) の振幅特性と位相特性を求めよ．

【**解答**】 式 (3.55) の結果を利用すると，式 (3.63) は
$$H(e^{j\omega}) = \{\frac{1}{3}(2\cos\omega+1)e^{-j\omega}\}\{\frac{1}{3}(2\cos\omega+1)e^{-j\omega}\}$$
$$= \frac{1}{9}((2\cos\omega+1)(2\cos\omega+1)e^{-j2\omega}$$
となり，振幅特性と位相特性をそれぞれ
$$A(\omega) == \frac{1}{9}(2\cos\omega+1)(2\cos\omega+1),\ \theta(\omega) = -2\omega$$
と得る．

振幅特性を図に描くと，図 3.19 となる． □

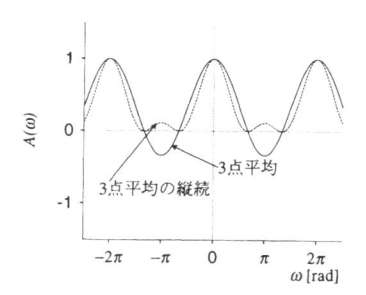

図 3.19　3点平均システムの縦続構成

演 習 問 題

(1) 以下の信号の z 変換を求めよ．

　(a)　$x(n) = \delta(n+2) - 2\delta(n) + 2\delta(n-2)$

　(b)　$x(n) = u(n)$

　(c)　$x(n) = u(n) + 0.5u(n-1)$

　(d)　$x(n) = -b^n u(-n-1)$

　(e)　$x(n) = \cos(\omega n) u(n)$

(2) 信号 $x(n)$ の z 変換を $X(z)$ とする．以下の信号の z 変換を $X(z)$ を用いて表せ．

　(a)　$y(n) = 2x(n)$

　(b)　$y(n) = 2x(n-2)$

　(c)　$y(n) = 2x(n) + 2x(n-2)$

　(d)　$y(n) = (-1)^n x(n)$

(3) 以下の逆 z 変換を，べき級数展開法と部分分数展開法を用いて求めよ．

　(a)　$X(z) = z^2 + 1 + 2z^{-3}$

　(b)　$X(z) = \dfrac{1}{1 - 0.5z^{-1}}$

　(c)　$X(z) = \dfrac{2z^{-1}}{1 - 0.5z^{-1}} + \dfrac{1}{1 - z^{-1}}$

　(d)　$X(z) = \dfrac{1}{(1 - 0.5z^{-1})(1 - z^{-1})}$

(4) 以下のシステムの伝達関数を求めよ．

 (a) $y(n) = x(n) + ax(n-1) + bx(n-2)$

 (b) $y(n) = x(n) + ax(n-1) - by(n-1)$

 (c) $y(n) = x(n) + ay(n-1) - by(n-2)$

(5) (4)のシステムのハードウェア構成を示せ．

(6) 以下のシステムの周波数特性を求めよ．

 (a) $H(z) = 1 + 2z^{-1} + z^{-2}$

 (b) $H(z) = \dfrac{1+2z^{-1}}{2+z^{-1}}$

(7) (6)の伝達関数の極を求め，安定性を判別せよ．

(8) 図3.20のシステムの伝達関数を求めよ．

(9) 式(3.12)を証明せよ．

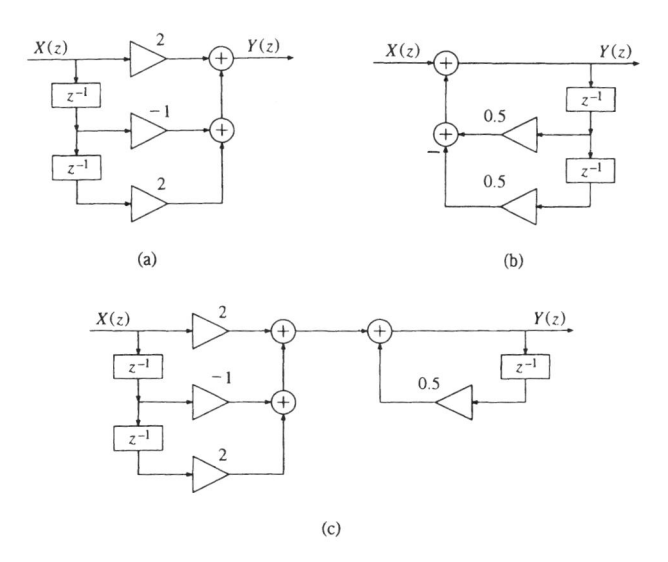

図 3.20　演習問題(8)の説明

4 信号の周波数解析と
サンプリング定理

前章では,正弦波信号をシステムに加えた場合の応答として周波数特性を説明した.しかし,実際のシステムへの入力信号が正弦波信号であることは少ない.このような場合,正弦波以外の信号が正弦波とどのような関係にあるかを調べなければならない.このような操作が周波数解析である.周波数解析は,サンプリング定理という,アナログ信号とそのサンプル値との関係に関する重要な定理を理解するためにも必要である.

4.1 周波数解析とは

まず,周波数解析とは何かについて説明しよう.

(1) 非正弦波信号は正弦波信号により表現される.

図 4.1(a) のアナログ信号 $x_{T_0}(t)$ を例にしよう.この信号は正弦波信号の負の値を切り捨てたものであり,正弦波信号ではない.正弦波信号以外の信号を**非正弦波信号**という.非正弦波信号は,周波数,大きさ,位相の異なる複数の正弦波信号の合成として表現される.

例えば,図 4.1(a) の信号は,次式のように無限個の正弦波信号を用いて表現される.

$$x_{T_0}(t) = \frac{1}{\pi} + \frac{1}{2}\cos(\Omega_0 t) \\ + \frac{2}{\pi}\left(\frac{1}{1\times 3}\cos(2\Omega_0 t) - \frac{1}{3\times 5}\cos(4\Omega_0 t) + \cdots\right)$$

$$= \frac{1}{\pi} + \frac{1}{2}\cos(\Omega_0 t) + \frac{2}{\pi}\left(\sum_{k=1}^{\infty} \frac{(-1)^{k+1}}{(2k-1)(2k+1)}\cos(2k\Omega_0 t)\right) \tag{4.1}$$

ただし，$\Omega_0 = 2\pi/T_0$ である．図 4.1(b) は，上式の有限個の正弦波信号を加算して合成された信号である．合成される正弦波信号の種類が増えると，図 4.1(a) の信号に近づいているようすがわかる．

このように非正弦波信号を正弦波信号に分解し，すなわち，例えば図 4.1(a) の信号を式 (4.1) に展開し，信号の性質を調べる操作を**周波数解析**という．また，この正弦波分解に基づく周波数解析を特に**フーリエ解析** (Fourier analysis) という．

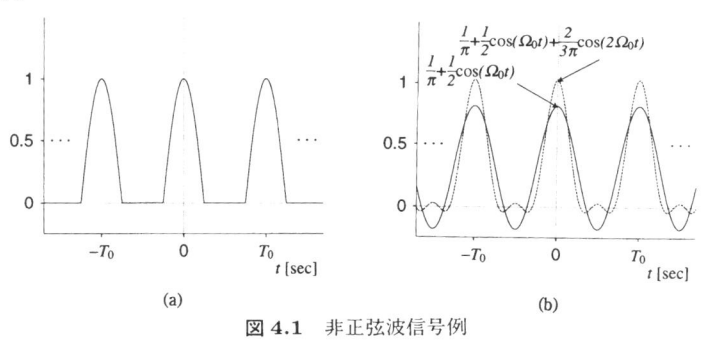

図 4.1 非正弦波信号例

（2） フーリエ解析の種類

フーリエ解析にはいくつかの種類がある．解析される信号の違いにより，それらを使い分けなければならない．ここでは，まずフーリエ解析の種類と対象とする信号の関係をまとめておこう．

信号は，図 4.2 に示すように，離散時間信号か連続時間信号か，またそれぞれについて周期的か非周期的かにより大別される．信号の種類により手法は異なり，表 4.1 に示す 5 種類のフーリエ解析法が知られている．対象とする信号が連続時間信号に対しては，**フーリエ変換** (Fourier transform, FT) と**フーリエ級数** (Fourier series, FS) 表現がある．一方，離散時間信号に対しては，**離散時間フーリエ変換** (discrete-time Fourier transform, DTFT) と**離散時間フーリエ級数** (discrete-time Fourier series, DTFS) 表現がある．

4.1 周波数解析とは

```
信号 ┬ 周期信号 ┬ 連続時間信号
     │         │ (フーリエ級数)
     │         └ 離散時間信号
     │           (離散時間フーリエ級数)
     └ 非周期信号 ┬ 連続時間信号
                 │ (フーリエ変換)
                 └ 離散時間信号
                   (離散時間フーリエ変換)
```

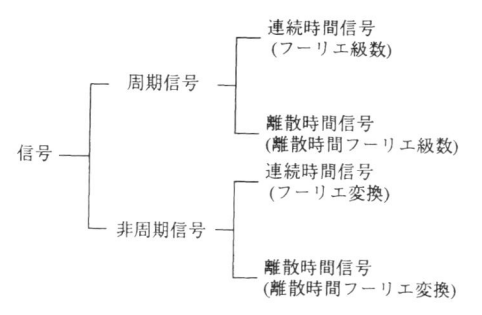

図 4.2 信号の分類と対応するフーリエ解析

離散フーリエ変換 (discrete Fourier transform, DFT) は，5 章で述べるように，コンピュータを用いてフーリエ解析を実行する際に広く使われている．以下では，それぞれの場合について説明しよう．

表 4.1 フーリエ解析の種類

	離散時間信号	連続時間信号
周期信号	$x_N(n) = \dfrac{1}{N} \displaystyle\sum_{k=0}^{N-1} X_N(k) W_N^{-nk}$ $(-\infty < n < \infty)$ $X_N(k) = \displaystyle\sum_{n=0}^{N-1} x_N(n) W_N^{nk}$ $(-\infty < k < \infty)$ 離散時間フーリエ級数	$x_{T_0}(t) = \displaystyle\sum_{k=-\infty}^{\infty} C_k e^{jk\Omega_0 t}$ $C_k = \dfrac{1}{T_0} \displaystyle\int_0^{T_0} x_{T_0}(t) e^{-jk\Omega_0 t} dt$ フーリエ級数
非周期信号	$x(n) = \dfrac{1}{2\pi} \displaystyle\int_0^{2\pi} X(e^{j\omega}) e^{j\omega n} d\omega$ $X(e^{j\omega}) = \displaystyle\sum_{n=-\infty}^{\infty} x(n) e^{-j\omega n}$ 離散時間フーリエ変換 $x(n) = \dfrac{1}{N} \displaystyle\sum_{k=0}^{N-1} X(k) W_N^{-nk}$ $(n = 0, 1, \cdots, N-1)$ $X(k) = \displaystyle\sum_{n=0}^{N-1} x(n) W_N^{nk}$ $(k = 0, 1, \cdots, N-1)$ 離散フーリエ変換	$x(t) = \dfrac{1}{2\pi} \displaystyle\int_{-\infty}^{\infty} X(\Omega) e^{j\Omega t} d\Omega$ $X(\Omega) = \displaystyle\int_{-\infty}^{\infty} x(t) e^{-j\Omega t} dt$ フーリエ変換 但し $W_N = e^{-j2\pi/N}$ $\Omega_0 = 2\pi/T_0$

4.2 周期信号のフーリエ解析

まず,周期信号のフーリエ解析から考えよう.信号の周波数領域表現,アナログ信号とディジタル信号のフーリエ解析の違いに注意してほしい.

4.2.1 フーリエ級数

信号が連続時間信号で,かつ周期的であるとき,周波数解析はフーリエ級数に基づき行われる.信号が周期的であるとは,例えば図 4.3 のように,同じ波形が一定の時間間隔 T_0 で繰り返されることである.すなわち,任意の時刻 t において,

$$x_{T_0}(t) = x_{T_0}(t + T_0) \tag{4.2}$$

成立する.ここで,T_0 は正の値であり,上式が成立する最小の T_0 の値を**周期** (period) という.また,上式が成立する信号を周期 T_0 の**周期信号** (periodic signal) という.

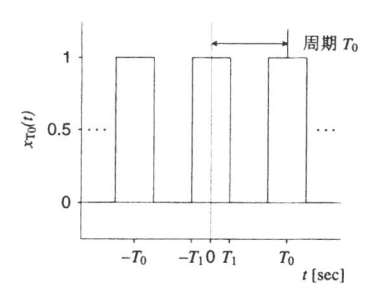

図 4.3 周期信号例

(1) 複素フーリエ級数

周期 T_0 を持つ周期信号 $x_{T_0}(t)$ は,次式のように複素正弦波信号を用いて展開される.

$$x_{T_0}(t) = \sum_{k=-\infty}^{\infty} C_k e^{jk\Omega_0 t}, \qquad \Omega_0 = 2\pi/T_0 \tag{4.3}$$

上式の表現を,$x_{T_0}(t)$ のフーリエ級数展開という.また,C_k を**フーリエ係数**,$\Omega_0 = 2\pi/T_0$ を**基本角周波数**,$F_0 = 1/T_0$ を**基本周波数**という.以上の表現において,以下の点に注意してほしい.

4.2 周期信号のフーリエ解析

- 基本角周波数 $\Omega_0 = 2\pi/T_0$ は，周期 T_0 により決まる
- 周期 T_0 の周期信号は，基本角周波数の整数倍の角周波数 $(k\Omega_0)$ を持つ正弦波信号により表現される．

式 (4.1) の表現を再び考えよう．この表現は，式 (4.3) と多少ことなるが，容易に同様の表現に置き換えることができる．簡単のために，式 (4.1) の右辺の 2 項のみを考えると，オイラーの公式 $\cos(\Omega_0 t) = (e^{j\Omega_0 t} + e^{-j\Omega_0 t})/2$ を用いて

$$\begin{aligned} x_{T_0}(t) &= \frac{1}{\pi} + \frac{1}{2}\cos(\Omega_0 t) \\ &= \frac{1}{\pi} + \frac{1}{2}(e^{j\Omega_0 t} + e^{-j\Omega_0 t})/2 \\ &= \frac{1}{4}e^{-j\Omega_0 t} + \frac{1}{\pi} + \frac{1}{4}e^{j\Omega_0 t} \end{aligned} \tag{4.4}$$

と整理される．この表現は，式 (4.3) と同じく複素正弦波信号に基づいている．すなわち

$$C_{-1} = 1/4, \quad C_0 = 1/\pi, \quad C_1 = 1/4 \tag{4.5}$$

と対応する．

以上のように，フーリエ級数の表現には自由度がある．他の級数表現と区別するとき，式 (4.1) の表現を**実フーリエ級数**，式 (4.3) を**複素フーリエ級数**という．本書では，他のフーリエ解析法との関係を考慮して，複素フーリエ級数を中心に取り扱う．

【例題 4.1】 $x_{T_0}(t) = 2\sin(\Omega_0 t) + \sin(2\Omega_0 t)$ を複素フーリエ級数の表現に直せ．

【解答】 オイラーの公式 $\sin(\Omega_0 t) = (e^{j\Omega_0 t} - e^{-j\Omega_0 t})/2j$ を用いると，

$$\begin{aligned} x_{T_0}(t) &= 2(e^{j\Omega_0 t} - e^{-j\Omega_0 t})/2j + (e^{j2\Omega_0 t} - e^{-j2\Omega_0 t})/2j \\ &= -(1/2j)e^{-j2\Omega_0 t} - (1/j)e^{-j\Omega_0 t} + (1/j)e^{j\Omega_0 t} + (1/2j)e^{j2\Omega_0 t} \\ &= (1/2)e^{j\pi/2}e^{-j2\Omega_0 t} + e^{j\pi/2}e^{-j\Omega_0 t} \\ &\quad + e^{-j\pi/2}e^{j\Omega_0 t} + (1/2)e^{-j\pi/2}e^{j2\Omega_0 t} \end{aligned}$$

と整理される．以上の整理で，$-1 = e^{j\pi}, 1/j = e^{-j\pi/2}, -1/j = e^{j\pi/2}$ の関係を用いている．ゆえに，フーリエ係数は

$$C_{-2} = (1/2)e^{j\pi/2}, \quad C_{-1} = e^{j\pi/2},$$
$$C_1 = e^{-j\pi/2}, \qquad C_2 = (1/2)e^{-j\pi/2} \tag{4.6}$$

となる．フーリエ係数 C_k は，信号 $x_{T_0}(t)$ が実数値であっても，一般的には複素数値となることがわかる． □

（2）　周波数領域による信号の表現

図 4.1 及び図 4.3 では，信号を時間 t を横軸にとり，信号値が時間と共に変化するようすを表した．このような表現を信号の**時間領域表現**という．

次に，同じ信号が周波数を横軸に表現できることを示そう．例えば，式 (4.4) の信号は，図 4.4 のように表すことができる．この図は，式 (4.3) のフーリエ級数のフーリエ係数 C_k の値を，対応する角周波数 $k\Omega_0$ の位置に図示したものである[†]．図からフーリエ係数を読みとり，逆に式 (4.3) に値を代入すると，容易に時間領域表現に戻すことができる．

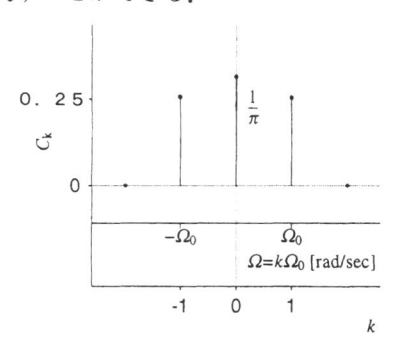

図 4.4　式 (4.4) の信号の周波数領域表現

次に，例題 4.1 の信号を考えよう．この信号のフーリエ係数 C_k は，実数値ではない．複素数値の C_k は，

$$C_k = A_k e^{j\theta_k} \tag{4.7}$$

のように大きさ A_k (実数) と偏角 θ_k にわけて，**極座標表現**し，それぞれ図 4.5 のように図示される．

以上のように，周波数を横軸にとる信号表現を，信号の**周波数領域表現**という．信号の周波数領域表現 C_k は，しばしば周波数スペクトルとも呼ばれる．

[†] 図の描き方は，横軸に $k\Omega_0$, kF_0 または k をとるかという，自由度があるが，同じ情報を与えている．

4.2 周期信号のフーリエ解析

(a) 振幅スペクトル　　　(b) 位相スペクトル

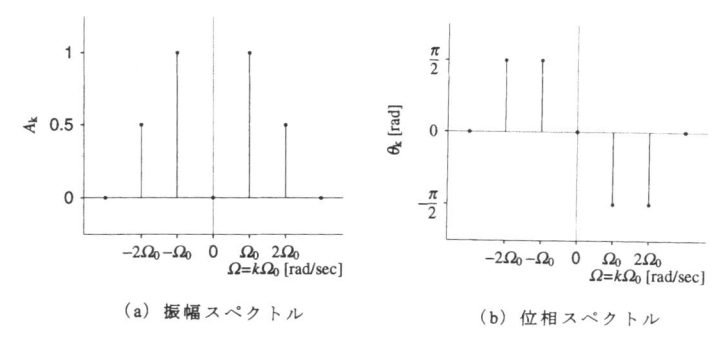

図 4.5　例題 4.1 の周波数領域表現

このとき，周波数スペクトルの大きさ A_k（図 4.5(a)）を**振幅スペクトル**，偏角 θ_k（図 4.5(b)）を**位相スペクトル**という．また，周期信号の周波数スペクトルは，先に述べたように，基本角周波数の整数倍のみの成分を持つ．このような周波数スペクトルを，次節の連続スペクトルと対比して，**離散スペクトル**あるいは**線スペクトル**という．

【**例題 4.2**】　図 4.6(a) の表現に対応する信号を求めよ．

【**解答**】　図から，まず $C_0 = 1, C_{-1} = (1/2)e^{j\pi/4}, C_1 = (1/2)e^{-j\pi/4}$ がわかる．この値を式 (4.3) に代入すると，図に対応する信号は

$$x_{T_0}(t) = (1/2)e^{j\pi/4}e^{-j\Omega_0 t} + 1 + (1/2)e^{-j\pi/4}e^{j\Omega_0 t}$$

であることがわかる．ただし，$\Omega_0 = 2\pi F_0 = 4\pi[\text{rad/s}]$，すなわち $F_0 = 2[\text{Hz}]$ である．また，オイラーの公式を用いて整理すると，

$$\begin{aligned}
x_{T_0}(t) &= (1/2)e^{-j(\Omega_0 t - \pi/4)} + 1 + (1/2)e^{j(\Omega_0 t - \pi/4)} \\
&= (1/2)\{\cos(\Omega_0 t - \pi/4) - j\sin(\Omega_0 t - \pi/4)\} + 1 \\
&\quad + (1/2)\{\cos(\Omega_0 t - \pi/4) + j\sin(\Omega_0 t - \pi/4)\} \\
&= 1 + \cos(\Omega_0 t - \pi/4)
\end{aligned}$$

と表現することもできる（図 4.6(b)）．

□

（3）フーリエ係数の求め方

(a) $\Omega_0 = 2\pi F_0 = 4\pi [\text{rad/sec}]$ (b) $x_{T_0}(t) = 1 + \cos(\Omega_0 t - \pi/4)$

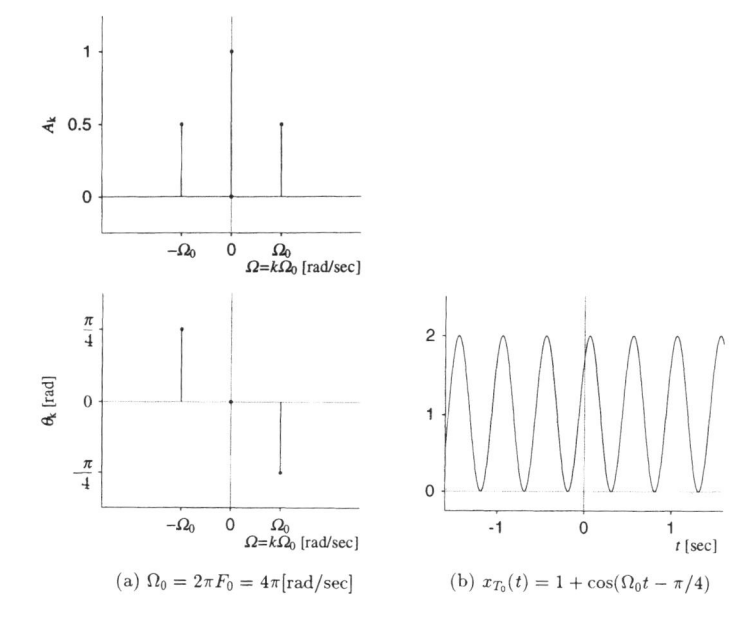

図 4.6 例題 4.2

信号 $x_{T_0}(t)$ からフーリエ係数 C_k を求める方法を説明する.結論は,信号 $x_{T_0}(t)$ を用いて次式を計算すればよい.

$$C_k = \frac{1}{T_0} \int_0^{T_0} x_{T_0}(t) e^{-jk\Omega_0 t} dt \tag{4.8}$$

ここで,積分範囲を 0 から T_0 にとったが,周期信号の積分は,1 周期の範囲であれば,特にどこでも同じ値になることを注意しておく.

式 (4.8) によりフーリエ係数が求められる理由は,複素正弦波信号の持つ以下の性質から説明される.

$$\frac{1}{T_0} \int_0^{T_0} e^{jm\Omega_0 t} e^{-jn\Omega_0 t} dt = \begin{cases} 1, & m = n \\ 0, & m \neq n \end{cases} \tag{4.9}$$

ここで,m 及び n は任意の整数である.したがって,式 (4.3) の両辺に $e^{-jk\Omega_0 t}$ を掛け,1 周期にわたる積分を実行することにより,式 (4.8) を導くことができる.

4.2 周期信号のフーリエ解析

【例題 4.3】 図 4.3 の信号のフーリエ係数を求めよ．

【解答】 $x_{T_0}(t)$ は

$$x_{T_0}(t) = \begin{cases} 1, & |t| < T_1 \\ 0, & T_1 < |t| < T_0/2 \end{cases}$$

とかける．ゆえに，式 (4.8) にこの条件を代入すると，

$$\begin{aligned}
C_k &= (1/T_0) \int_{-T_1}^{T_1} e^{-jk\Omega_0 t} dt \\
&= [\frac{-1}{jk\Omega_0 T_0} e^{-jk\Omega_0 t}]_{-T_1}^{T_1} \\
&= \frac{2}{k\Omega_0 T_0} \{(e^{jk\Omega_0 T_1} - e^{-jk\Omega_0 T_1})/(2j)\} \\
&= \frac{2\sin(k\Omega_0 T_1)}{k\Omega_0 T_0} \\
&= 2\frac{T_1}{T_0} \frac{\sin(k\Omega_0 T_1)}{k\Omega_0 T_1}
\end{aligned}$$

を得る．最後の表現は必ずしも必要ではないが，標本化関数と呼ばれる $\sin x/x$ の形式を持ち，見通しが良いことから，広く用いられている．　□

【例題 4.4】 標本化関数 $f(x) = \sin x/x$ を図示せよ．

【解答】 図 4.7 を得る．ここで，$x = 0$ のときの値に注意してほしい．$f(0) = 0/0$ と不定形となるが，その値は，$f(x)$ の分母，分子をそれぞれ x で微分し，その後に $x = 0$ を代入すれば求められる．このような操作をド・ロピタルの定理という．　□

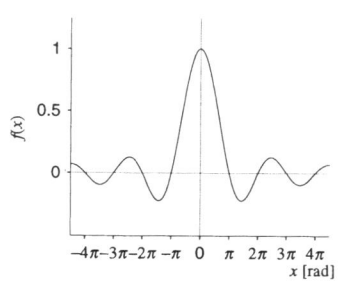

図 4.7 標本化関数 $f(x) = \sin(x)/x$

【例題 4.5】 例題 4.3 の結果に，$T_1 = 0.5[\sec]$, $T_0 = 2[\sec]$, $T_0 = 4[\sec]$ をそれぞれ仮定し，周波数スペクトルを図示せよ．

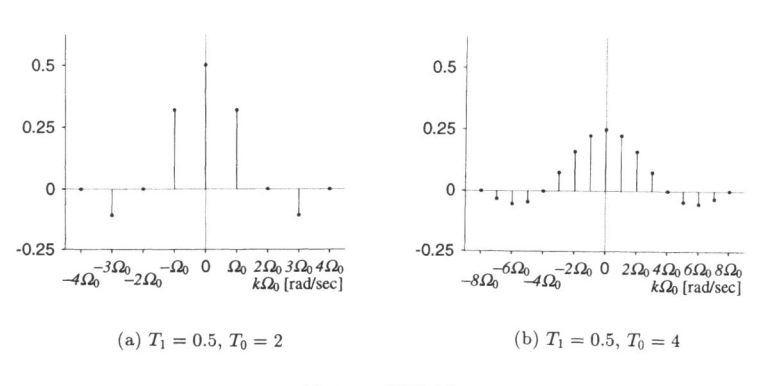

【解答】 図 4.8 を得る． □

(a) $T_1 = 0.5, T_0 = 2$ (b) $T_1 = 0.5, T_0 = 4$

図 4.8 例題 4.5

4.2.2 離散時間フーリエ級数

周期的な離散時間信号の周波数解析を考えよう．連続時間信号の解析 (フーリエ級数) との違いに着目してほしい．まず最初に，サンプリングの影響について述べ，次に離散時間フーリエ級数を定義する．

（1） 周期信号のサンプリング

例として，以下の周期 $T_0 = 1[\sec]$ を持つ周期信号 $x_{T_0}(t)$ を考えよう．

$$x_{T_0}(t) = 2\cos(\Omega_0 t) + 2\cos(2\Omega_0 t)$$
$$= e^{-j2\Omega_0 t} + e^{-j\Omega_0 t} + e^{j\Omega_0 t} + e^{j2\Omega_0 t} \tag{4.10}$$

この信号は，4 つの非零のフーリエ係数 $C_k(C_{-2} = C_{-1} = C_1 = C_2 = 1)$ を持ち，図 4.9 に示す時間領域と周波数領域の表現に対応する．

次に，サンプリング周期 T_s でこの信号をサンプリングしよう．式 (4.10) の t に $nT_s(n{:}整数)$ を代入すると

$$x_{T_0}(nT_s) = 2\cos(\Omega_0 nT_s) + 2\cos(2\Omega_0 nT_s)$$

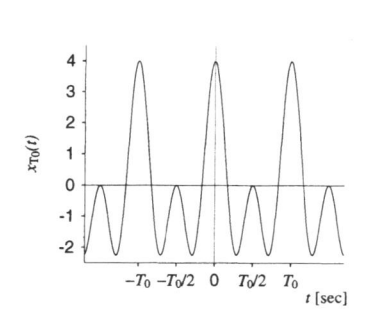

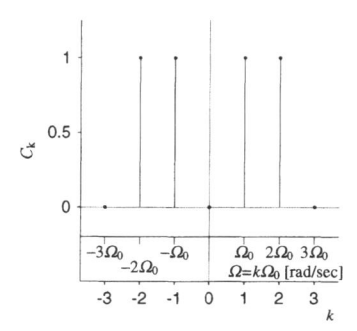

4.2 周期信号のフーリエ解析

図 4.9 $x_{T_0}(t) = 2\cos(\Omega_0 t) + 2\cos(2\Omega_0 t)$, $(\Omega_0 = 2\pi/T_0, T_0 = 1[\text{sec}])$

$$= e^{-j2\Omega_0 nT_s} + e^{-j\Omega_0 nT_s} + e^{j\Omega_0 nT_s} + e^{j2\Omega_0 nT_s} \quad (4.11)$$

を得る．

（2） 離散時間信号のスペクトルは周期的

いま，サンプリング周期 T_s を周期信号 $x_{T_0}(t)$ の周期 T_0 を N(正整数) 等分するように選ぼう．すなわち

$$T_s = T_0/N \quad (4.12)$$

と選ぶ．式 (4.11) を表現している図 4.10(a)(b) では，それぞれ $N=8$, $N=4$ と選んでいる．式 (4.12) の下で，式 (4.3) は，

$$x_{T_0}(nT_s) = \sum_{k=-\infty}^{\infty} C_k e^{jk\Omega_0 nT_s}$$
$$= \sum_{k=-\infty}^{\infty} C_k e^{j2\pi kn/N} \quad (4.13)$$

となる．いま，表現を簡潔にするために，

$$W_N = e^{-j2\pi/N} \quad (4.14)$$

と置く．ここで，W_N は図 4.11 に示すように，複素平面上の単位円上の等分に相当するので，周期 N を持つ周期関数になる．従って，

$$x_{T_0}(nT_s) = \sum_{k=-\infty}^{\infty} C_k W_N^{-nk}$$
$$= \sum_{k=-\infty}^{\infty} C_k W_N^{-(n+rN)k}$$

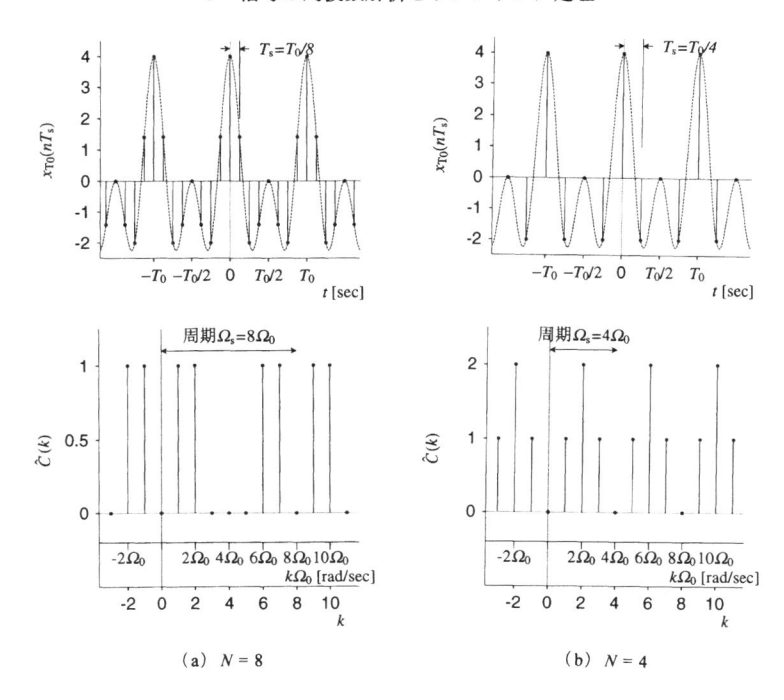

76   4 信号の周波数解析とサンプリング定理

(a) $N=8$ **(b)** $N=4$

図 **4.10** 周期信号のサンプリング

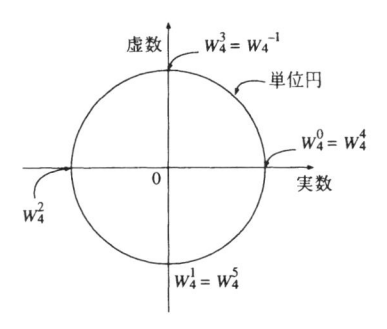

図 **4.11** $W_4 = e^{-j2\pi/4}$ の値

$$= \sum_{k=-\infty}^{\infty} C_k W_N^{-n(k+rN)}, \quad (r:\text{整数}) \tag{4.15}$$

が成立する．上式は，サンプリングにより得られた離散時間 $x_{T_0}(nT_s)$ は，時

間領域 (n) において周期 N を持つと同時に，周波数領域 (k) においても周期 N を持つことを意味する．いま，独立な W_N の値は N 個であるので，N 個の W_N を共通因数として上式を整理すると，

$$x_{T_0}(nT_s) = \sum_{k=0}^{N-1} \left\{ \sum_{r=-\infty}^{\infty} C_{k+rN} \right\} W_N^{-nk}$$

$$= \sum_{k=0}^{N-1} \hat{C}(k) W_N^{-nk} \tag{4.16}$$

ただし，

$$\hat{C}(k) = \sum_{r=-\infty}^{\infty} C_{k+rN} \tag{4.17}$$

を得る．したがって，図 4.10(a) 及び (b) に示すように，周期 N または $\Omega_s = 2\pi F_s = N\Omega_0$ を持つ周期的なスペクトル $\hat{C}(k) = \hat{A}_k e^{j\hat{\theta}_k}$ を持つ．この $\hat{C}(k)$ を**エリアジング係数** (aliasing coefficients) という．

式 (4.11) を例にして，$N = 4$ の場合を具体的に考えよう．式 (4.11) に式 (4.12) を代入すると

$$x_{T_0}(nT_s) = 2\cos(2\pi n/N) + 2\cos(4\pi n/N)$$

$$= e^{-j\pi n} + e^{-j\pi n/2} + e^{j\pi n/2} + e^{j\pi n}$$

$$= \sum_{k=-2}^{2} C_k W_4^{-nk} \tag{4.18}$$

を得る．ここで，$W_4^2 = W_4^{-2}, W_4^{-3} = W_4^1$ に注意する．さらに式 (4.16) から

$$x_{T_0}(nT_s) = \sum_{k=0}^{3} \hat{C}(k) W_4^{-nk} \tag{4.19}$$

ただし式 (4.17) より

$$\hat{C}(0) = 0 = C_0, \ \hat{C}(1) = 1 = C_1,$$

$$\hat{C}(2) = 2 = C_2 + C_{-2}, \hat{C}(3) = 1 = C_{-1} \tag{4.20}$$

と表現することができる．1 周期を N 等分するようにサンプリングした場合，独立な W_N の値が N 個であることから，独立なエリアジング係数 $\hat{C}(k)$ の個数は高々 N 個である．従って，式 (4.18) における 5 つのフーリエ係数は，サンプリングにより独立ではなくなり，式 (4.20) の 4 つの係数に帰着する．また，この係数 $\hat{C}(k)$ が

$$\hat{C}(k) = \hat{C}(k+rN), \quad (r:整数) \tag{4.21}$$

となることを再び強調しておく．

【例題 4.6】 図 4.10(a) に示すエリアジング係数$\hat{C}(k), k = 0, 1, \cdots, 7$ をフーリエ係数 C_k を用いて表せ．

【解答】 $N = 8$ の場合には，8つの独立なエリアジング係数$\hat{C}(k)$ が存在するので，
$$\hat{C}(0) = 0 = C_0, \quad \hat{C}(1) = 1 = C_1, \quad \hat{C}(2) = 1 = C_2$$
$$\hat{C}(3) = 0, \quad \hat{C}(4) = 0, \quad \hat{C}(5) = 0$$
$$\hat{C}(6) = 1 = C_{-2}, \quad \hat{C}(7) = 1 = C_{-1}$$
と対応する． □

（3） 帯域制限信号とエリアジング

図 4.10(a) の信号 $x_{T_0}(t)$ を正弦波分解したとき，分解された正弦波信号の最高の角周波数は $2\Omega_0$ であった．このとき，この信号を角周波数 $\Omega_m = 2\Omega_0$ で（または周波数 $F_m = 2F_0 = 2[\text{Hz}]$ で）帯域制限されているという．また，このように最高の周波数が有限である信号を，**帯域制限信号**という．一方，図 4.3 の信号は，図 4.8 から無限に高い周波数を持つ正弦波信号を含んでいるので，帯域制限信号でないことがわかる．

次に，図 4.10(a) と (b) の違いについて調べよう．両者ともスペクトルは，サンプリング周波数（あるいは周期 N）で周期的となる．したがって，サンプリング周波数が高い場合，周期は長くなる．図 4.10(b) では，周期が短いために，スペクトルに重なりが生じている．このスペクトルの重なりを，**折り返しひずみ**あるいは**エリアジング** (aliasing) という．アナログ信号をサンプリングする際に，このエリアジングの発生は避けなければならない．もしこのエリアジングの発生を回避できれば，アナログ信号の情報は保存され，再びサンプル値からアナログ信号を復元することが可能となる．

図 4.10 の例からわかるように，$F_m = 2[\text{Hz}]$ で帯域制限された信号をサンプリングする際に，サンプリング周波数 $F_s[\text{Hz}]$ を
$$F_s > 2F_m \tag{4.22}$$

4.2 周期信号のフーリエ解析

と選ばなければならない．この限界に相当する $F_s = 2F_m$ の周波数を**ナイキスト** (Nyquist) **周波数**という．

【 例題 4.7】 2[Hz] の周波数を持つ正弦波信号 $x_{T_0}(t) = \cos(\Omega_0 t)$ を，エリアジングが発生しないようにサンプリングしたい．サンプリング周波数を求めよ．

【解答】 この信号は $F_m = 2[Hz]$ で帯域制限されている．したがって，ナイキスト周波数は 4Hz である．ゆえに，

$$F_s > 4$$

と選べばよい．ナイキスト周波数の選択は，1周期を2等分するサンプリングに相当する．したがって，1周期を2等分するサンプリングより細かいサンプリングを行えば，エリアジングは回避でき，再びサンプリング前のアナログ信号を復元可能となる． □

（4） 離散時間フーリエ級数

さて，図 4.12 に示すような周期 N を持つ離散時間信号 $x_N(n)$ を考えよう．

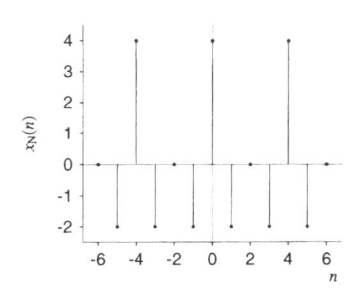

図 4.12 周期 N を持つ離散時間信号 $(N = 4)$

この信号は，図 4.10(b) のサンプル値に相当する．この $x_N(n)$ に対して，

$$x_N(n) = \frac{1}{N}\sum_{k=0}^{N-1} X_N(k) W_N^{-nk}, \qquad W_N = e^{-j2\pi/N} \quad (4.23)$$

という展開が可能である．この展開を**離散時間フーリエ級数**，係数 $X_N(k)$ を**離散時間フーリエ係数**という．周期 N の信号は，N 個の係数 $X_N(k)$ を用いて

表現できることに注意してほしい．

この係数 $X_N(k)$ は，信号 $x_N(n)$ から
$$X_N(k) = \sum_{n=0}^{N-1} x_N(n) W_N^{nk} \tag{4.24}$$
と求められる．上式の正当性は，上式を式 (4.23) に代入することにより確認できる (演習問題 (9))．

式 (4.16) のエリアジング係数 $\hat{C}(k)$ と離散時間フーリエ係数 $X_N(k)$ との関係を調べると，式 (4.16) と式 (4.23) の比較から
$$X_N(k) = N\hat{C}(k) \tag{4.25}$$
と単に利得の違いのみであることがわかる．

4.3 非周期信号のフーリエ解析

非周期信号のフーリエ解析について説明しよう．

4.3.1 フーリエ変換

(1) フーリエ変換の定義

非周期的な連続時間信号 $x(t)$ を考えよう．図 4.13(a) の信号は周期信号では

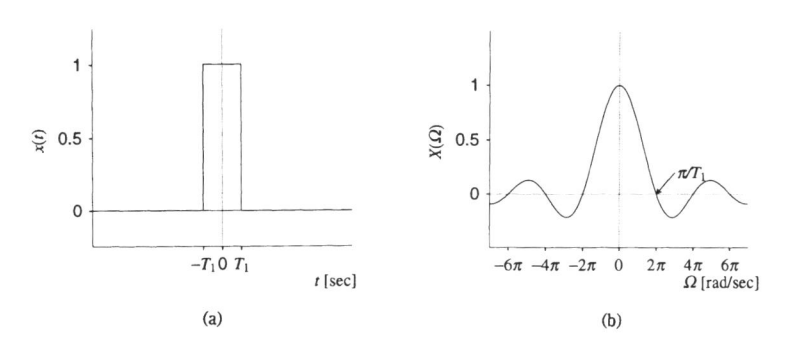

図 4.13 非周期信号例 ($T_1 = 0.5[\text{sec}]$)

ない．このような非周期信号の周波数解析，すなわち時間領域と周波数領域の変換は，次式により行われる．
$$x(t) = \frac{1}{2\pi} \int_{-\infty}^{\infty} X(\Omega) e^{j\Omega t} d\Omega \tag{4.26}$$

$$X(\Omega) = \int_{-\infty}^{\infty} x(t)e^{-j\Omega t}dt \tag{4.27}$$

式 (4.27)は，時間領域 $x(t)$ から周波数領域 $X(\Omega)$ への変換式で，**フーリエ変換**といわれる．一方式 (4.26)は，逆に周波数領域から時間領域への変換式で，**逆フーリエ変換**といわれる．また，フーリエ変換という表現を，両式の総称としてもしばしば使用する．

【**例題 4.8**】 図 4.13(a) の信号のフーリエ変換を求めよ．

【**解答**】 式 (4.27)から
$$\begin{aligned}
X(\Omega) &= \int_{-\infty}^{\infty} x(t)e^{-j\Omega t}dt \\
&= \int_{-T_1}^{T_1} e^{-j\Omega t}dt \\
&= \frac{1}{-j\Omega}\left[e^{-j\Omega t}\right]_{-T_1}^{T_1} \\
&= \frac{1}{-j\Omega}\left[e^{-j\Omega T_1} - e^{j\Omega T_1}\right] \\
&= 2T_1 \sin(\Omega T_1)/(\Omega T_1)
\end{aligned}$$

と求められる．これは，図 4.13(b) のような値をとる ($T_1 = 0.5$[sec] を仮定)．図 4.13(a) の表現を信号の時間領域表現，図 4.13(b) を周波数領域表現という．周波数スペクトル $X(\Omega)$ は，角周波数 Ω に対して連続的な値をとる．このようなスペクトルを，周期信号の離散スペクトルとの対比として，**連続スペクトル**という． □

（2） 周期信号との関係

フーリエ変換の式を，周期信号と非周期信号との関係として説明しよう．図 4.13(a) の信号 $x(t)$ から周期 T_0 を仮定し，図 4.14(a) のように周期信号 $x_{T_0}(t)$ を生成する．

このとき，信号 $x(t)$ のフーリエ変換は
$$x(t) = 0, \quad |t| > T_1 \tag{4.28}$$
の条件から
$$X(\Omega) = \int_{-\infty}^{\infty} x(t)e^{-j\Omega t}dt = \int_{-T_1}^{T_1} x(t)e^{-j\Omega t}dt \tag{4.29}$$

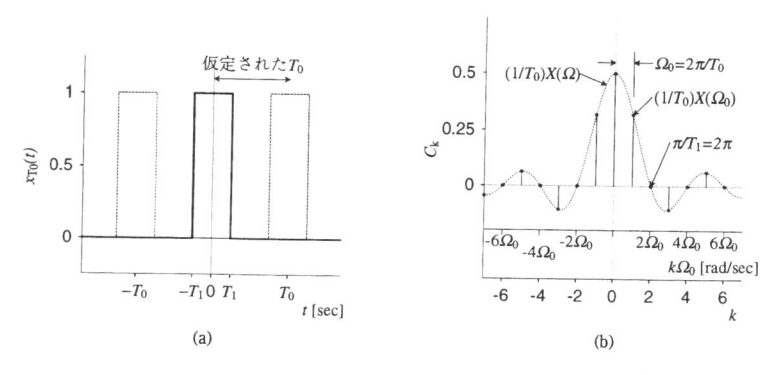

図 4.14 仮定された周期信号 ($T_1 = 0.5[\text{sec}]$, $T_0 = 2[\text{sec}]$)

と表現される．次に，仮定された周期信号 $x_{T_0}(t)$ のフーリエ係数 C_k を，式 (4.8)を用いて表現しよう．いま，

$$x(t) = x_{T_0}(t), \quad -T_1 < t < T_1 \tag{4.30}$$

が成立することに注意すると，

$$\begin{aligned}
C_k &= (1/T_0) \int_{-T_1}^{T_1} x_{T_0}(t) e^{-jk\Omega_0 t} dt \\
&= (1/T_0) \int_{-T_1}^{T_1} x(t) e^{-jk\Omega_0 t} dt \\
&= (1/T_0) X(k\Omega_0)
\end{aligned} \tag{4.31}$$

を得る．

上式は，以下の重要な結論を示している．

□ C_k は，$X(\Omega)$ の周波数サンプル値 $X(k\Omega_0)$ を $1/T_0$ 倍したものに一致する (図 4.14(b) 参照)．

□ 周波数サンプリングの間隔 $\Omega_0 = 2\pi/T_0$ は，仮定される周期 T_0 により決定される．

以上の結論は，例題 4.8 と例題 4.3 の結果とも一致する．周期信号と非周期信号は，互いに密接な関係にあり，特殊な場合に両者が一致することがわかる．

4.3.2　離散時間フーリエ変換

非周期的な離散時間信号 $x(n)$ の周波数解析法について述べる．

（1）　離散時間フーリエ変換

4.3 非周期信号のフーリエ解析

信号 $x(n)$ は,次式により表現される.

$$x(n) = \frac{1}{2\pi} \int_0^{2\pi} X(e^{j\omega}) e^{j\omega n} d\omega \tag{4.32}$$

$$X(e^{j\omega}) = \sum_{n=-\infty}^{\infty} x(n) e^{-j\omega n} \tag{4.33}$$

式 (4.33) を**離散時間フーリエ変換**,式 (4.32) を**離散時間逆フーリエ変換**という.また,**離散時間フーリエ変換**という表現は,両者の総称としても用いる.

【例題 4.9】 図 4.15(a) の信号の離散時間フーリエ変換を求めよ.

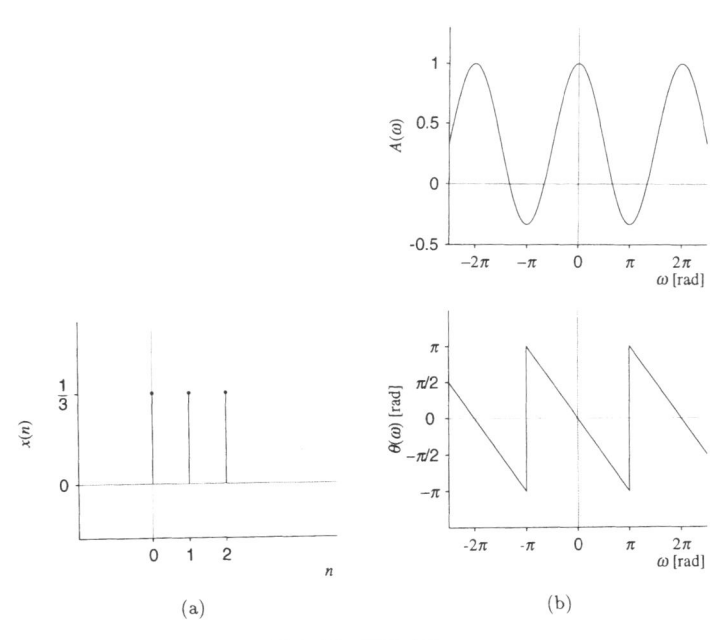

図 4.15 例題 4.9

【解答】 式 (4.33) から

$$X(e^{j\omega}) = (1/3)(1 + e^{-j\omega n} + e^{-j2\omega}) = (1/3)(e^{j\omega n} + 1 + e^{-j\omega})e^{-j\omega}$$
$$= (1/3)(1 + 2\cos\omega)e^{-j\omega}$$

と整理される.複素数値であるので,$X(e^{j\omega})$ を極座標表示に整理している.図 4.15(b)

にこの周波数スペクトルを図示する．ただし，**振幅スペクトル** $A(\omega)$ と**位相スペクトル** $\theta(\omega)$ は $A(\omega) = (1/3)(1 + 2\cos\omega)$, $\theta(\omega) = -\omega$ とおいた．**連続スペクトル**であること，$\omega = 2\pi$ の周期を持つことがわかる． □

（2） 離散時間フーリエ級数との関係

図 4.16(a) に示すように，適当な周期 N を仮定し，信号 $x(n)$ から周期信号 $x_N(n)$ を生成しよう．

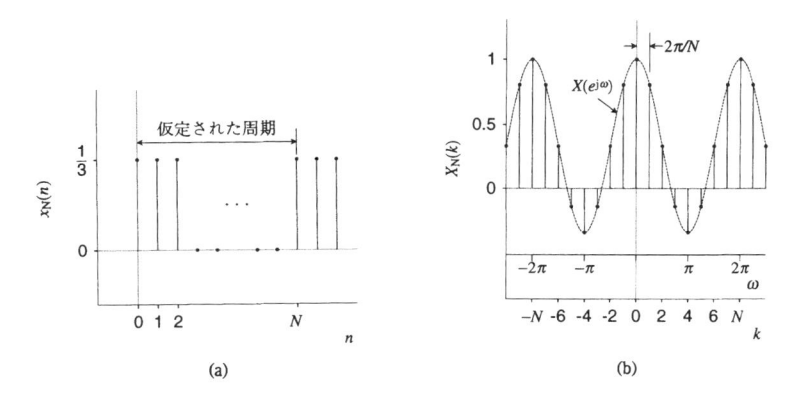

図 4.16 仮定された周期信号

いま，$n = 0, 1, \cdots, N_1 - 1$ 以外 $(N_1 < N)$ の n において，$x(n) = 0$ であることに注意すると，$x(n)$ の離散時間フーリエ変換は

$$X(e^{j\omega}) = \sum_{n=0}^{N_1-1} x(n)e^{-j\omega n} \tag{4.34}$$

と表される．また，

$$x(n) = x_N(n), \qquad n = 0, 1, \cdots, N_1 - 1 \tag{4.35}$$

が成立する．したがって，$x_N(n)$ のフーリエ係数は，式 (4.24) から

$$X_N(k) = \sum_{n=0}^{N_1-1} x_N(n) W_N^{nk}$$

$$= \sum_{n=0}^{N_1-1} x(n) W_N^{nk} = X(e^{j2\pi k/N}) \tag{4.36}$$

と求められる．

上式から，$X(e^{j\omega})$ の周期 $\omega = 2\pi$ を N 等分した値が，周期信号 $x_N(n)$ のフーリエ係数に対応することがわかる (図 4.16(b))．

（3） z 変換との関係

離散時間フーリエ変換と z 変換の関係を示す．式 (3.1) と式 (4.33) の比較から，離散時間信号 $x(n)$ の z 変換 $X(z)$ と離散時間フーリエ変換 $X(e^{j\omega})$ は

$$X(e^{j\omega}) = X(z)|_{z=e^{j\omega}} \tag{4.37}$$

と関係することがわかる．すなわち，$X(z)$ に $z = e^{j\omega}$ を代入することにより，$X(e^{j\omega})$ を求めることができる．

以上のように，離散時間フーリエ変換を z 変換を介して求めることができる．前章で述べた，伝達関数 (インパルス応答の z 変換) の z に $z = e^{j\omega}$ を代入し，システムの周波数特性を求める操作は，この性質を利用している．したがって，システムの周波数特性を，インパルス応答の離散時間フーリエ変換と定義することもできる．

以上，各フーリエ解析の関係は図 4.17 のように要約することができる．次章で述べるコンピュータによるフーリエ解析では，このような関係を考慮して解析を実行する．

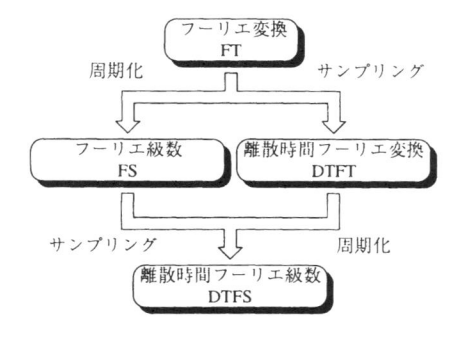

図 4.17 各フーリエ解析の関係

4.4 離散時間フーリエ変換の性質

実際の場面でフーリエ解析を使いこなすためには，その性質を理解する必要がある．本節では，離散時間フーリエ変換を例にして性質を説明する．

表 4.2 に離散時間フーリエ変換の性質をまとめる．以下では，特に重要ないくつかの性質について述べる．また表現を簡潔にするために，信号 $x(n)$ とその離散時間フーリエ変換 $X(e^{j\omega})$ の関係を

$$x(n) \stackrel{DTFT}{\leftrightarrow} X(e^{j\omega}) \tag{4.38}$$

または

$$X(e^{j\omega}) = F[x(n)] \tag{4.39}$$

と略記する．

まず，以下の(1)～(3)の性質は，z 変換と離散時間フーリエ変換の関係から容易に導かれる．

表 4.2 離散時間フーリエ変換の性質

性質	時間領域	周波数領域
1. 線形性	$ax_1(n) + bx_2(n)$	$aX_1(e^{j\omega}) + bX_2(e^{j\omega})$
2. 時間シフト	$x(n-k)$	$X(e^{j\omega})e^{-j\omega k}$
3. たたみ込み	$\sum_{k=-\infty}^{\infty} x_1(k)x_2(n-k)$	$X_1(e^{j\omega})X_2(e^{j\omega})$
4. 周波数シフト	$x(n)e^{j\omega_0 n}$	$X(e^{j(\omega-\omega_0)})$
5. スペクトルの対称性	$x(n)$ が実数	$X(e^{j\omega}) = \bar{X}(e^{-j\omega})$
6. パーセバルの定理	$\sum_{n=-\infty}^{\infty} |x(n)|^2 = \frac{1}{2\pi}\int_{-\pi}^{\pi} |X(e^{j\omega})|^2 d\omega$	

但し，a, b は定数，$\bar{X}(e^{j\omega})$ は $X(e^{j\omega})$ の複素共役

(1) 線形性

任意の 2 つの信号 $x_1(n)$, $x_2(n)$ の離散時間フーリエ変換をそれぞれ $X_1(e^{j\omega}) = F[x_1(n)]$, $X_2(e^{j\omega}) = F[x_2(n)]$ とする．このとき，

$$ax_1(n) + bx_2(n) \stackrel{DTFT}{\leftrightarrow} aX_1(e^{j\omega}) + bX_2(e^{j\omega}) \tag{4.40}$$

が成立する．ここで，a 及び b は任意の定数である．この性質を線形性という．

4.4 離散時間フーリエ変換の性質

（2） 時間シフト

信号 $x(n)$ の離散時間フーリエ変換が $X(e^{j\omega}) = X[x(n)]$ であるとき,

$$x(n-k) \overset{DTFT}{\leftrightarrow} X(e^{j\omega})e^{-j\omega k}, \quad (k:任意の整数) \tag{4.41}$$

が成立する．

（3） たたみ込み

任意の2つの信号 $x_1(n), x_2(n)$ の離散時間フーリエ変換をそれぞれ $X_1(e^{j\omega}) = F[x_1(n)]$, $X_2(e^{j\omega}) = F[x_2(n)]$ とする．このとき，両者がたたみ込みの関係にあるとき（式 (2.14)），

$$\sum_{k=-\infty}^{\infty} x_1(k)x_2(n-k) \overset{DTFT}{\leftrightarrow} X_1(e^{j\omega})X_2(e^{j\omega}) \tag{4.42}$$

が成立する．

（4） 周波数シフト

信号 $x(n)$ の離散時間フーリエ変換が $X(e^{j\omega}) = F[x(n)]$ であるとき,

$$x(n)e^{j\omega_0 n} \overset{DTFT}{\leftrightarrow} X(e^{j(\omega-\omega_0)}) \tag{4.43}$$

が成立する．ここで，ω_0 は任意の角周波数である．

この性質は，次のように導かれる．$x(n)e^{j\omega_0 n}$ を式 (4.33) に代入し，$x(n)e^{j\omega_0 n}$ を離散時間フーリエ変換すると，

$$\sum_{n=-\infty}^{\infty} x(n)e^{j\omega_0 n}e^{-j\omega n} = \sum_{n=-\infty}^{\infty} x(n)e^{-j(\omega-\omega_0)n}$$
$$= X(e^{j(\omega-\omega_0)}) \tag{4.44}$$

を得る（例題 4.10 参照）．

（5） 周波数スペクトルの対称性

信号 $x(n)$ の離散時間フーリエ変換が $X(e^{j\omega}) = F[x(n)]$ であるとする．このとき，もし信号 $x(n)$ が実数値であるならば，

$$X(e^{j\omega}) = \bar{X}(e^{-j\omega}) \tag{4.45}$$

が成立する．ここで，$\bar{X}(e^{j\omega})$ は $X(e^{j\omega})$ の複素共役（複素数の虚数部の符号を反転したもの）である．

$X(e^{j\omega})$ を $X(e^{j\omega}) = |X(e^{j\omega})|e^{j\theta(\omega)}$ と極座標表現すると，

$$\bar{X}(e^{-j\omega}) = |X(e^{-j\omega})|e^{-j\theta(-\omega)} \tag{4.46}$$

となる．したがって，この性質は，

$$|X(e^{j\omega})|=|X(e^{-j\omega})| \tag{4.47}$$
$$\theta(\omega) = -\theta(-\omega) \tag{4.48}$$

が成立することを意味する．上式は，振幅スペクトル $|X(e^{j\omega})|$ が $\omega=0$ に対して偶対称となること，位相スペクトル $\theta(\omega)$ が $\omega=0$ に対して奇対称になることを与えている（図 4.15 参照）．

この性質は，次のように導かれる．$x(n)$ を実数と仮定すると，式 (4.33) から

$$\begin{aligned}\bar{X}(e^{-j\omega}) &= \overline{\left\{\sum_{n=-\infty}^{\infty} x(n)e^{j\omega n}\right\}} \\ &= \sum_{n=-\infty}^{\infty} \overline{\{x(n)e^{j\omega n}\}} \\ &= \sum_{n=-\infty}^{\infty} x(n)e^{-j\omega n} = X(e^{j\omega}) \end{aligned} \tag{4.49}$$

となる．

【例題 4.10】 信号 $x(n)$ の離散時間フーリエ変換が $X(e^{j\omega})=F[x(n)]$ であるとする．このとき，$x(n)\cos(\omega_0 n)$ の離散時間フーリエ変換を求めよ．

【解答】 周波数シフトの性質，線形性及びオイラーの公式 $\cos(\omega_0 n)=(e^{j\omega_0 n}+e^{-j\omega_0 n})/2$ から，

$$(1/2)x(n)e^{j\omega_0 n}+(1/2)x(n)e^{-j\omega_0 n} \stackrel{DTFT}{\leftrightarrow} (1/2)X(e^{j(\omega-\omega_0)})+(1/2)X(e^{j(\omega+\omega_0)})$$

を得る．図 4.18 は，以上の関係を説明している． □

(a) $x(n)$

(b) $x(n)\cos(\omega_0 n)$

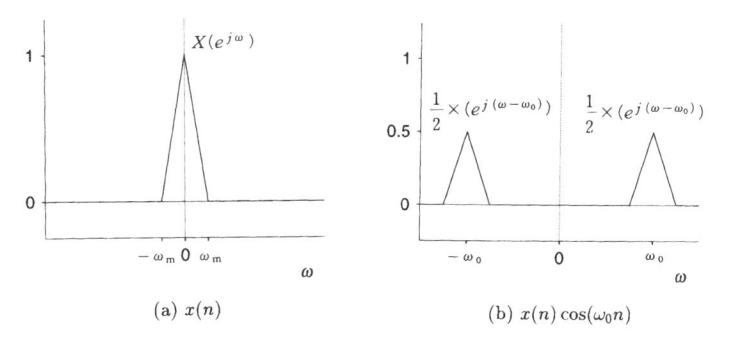

図 4.18　例題 4.10

4.5 サンプリング定理

ディジタル信号処理では，アナログ信号をサンプリングし，ディジタル信号を生成する．その際，アナログ信号の持つ情報を失わないように，サンプリングを実行する必要がある．ここでは，その問題を取り扱う．

細かいサンプリング (高いサンプリング周波数) の選択は，データ量を増大させ，その後の処理を複雑にする．一方，荒いサンプリング (低いサンプリング周波数) の選択は，データ量の増大を押さえることはできるが，アナログ信号の持つ情報を失いやすい．したがって，適切なサンプリング周波数の選択が重要となる．

(1) 帯域制限信号

まず，図 4.19(a) のような振幅スペクトル $A(\Omega) = |X(\Omega)|$ を持つアナログ信号 $x(t)$ を考えよう．ここで，この信号が，

$$|X(\Omega)| = 0, \quad \Omega > \Omega_m \tag{4.50}$$

を満たすと仮定する．

このとき，信号 $x(t)$ は，角周波数 $\Omega_m = 2\pi F_m$ (あるいは周波数 F_m) で帯域制限されているという．このように，周波数スペクトルの存在する範囲が有限である信号を帯域制限信号という．図 4.9(a) の信号も帯域制限信号である．

(2) エリアジング

次に，信号 $x(t)$ をサンプリング周波数 $F_s = 1/T_s$ [Hz] でサンプリングしよう．このとき，アナログ信号 $x(t)$ の周波数スペクトル $X(\Omega)$ と離散時間信号 $x(nT_s)$ の周波数スペクトル $X(e^{j\Omega T_s})$ は，

$$X(e^{j\Omega T_s}) = \frac{1}{T_s} \sum_{r=-\infty}^{\infty} X(\Omega - r\Omega_s), \quad \Omega_s = 2\pi F_s \tag{4.51}$$

と関係する．この式の導出は省略する．

さて，式 (4.51) を図 4.19(b)(c) において図的に説明しよう．同図から，以下の点がわかる．

- □ サンプリングすると，アナログ信号のスペクトルが周期的に並ぶ．
- □ スペクトルの周期は，$\Omega_s = 2\pi F_s$ であり，サンプリング周波数 F_s が高

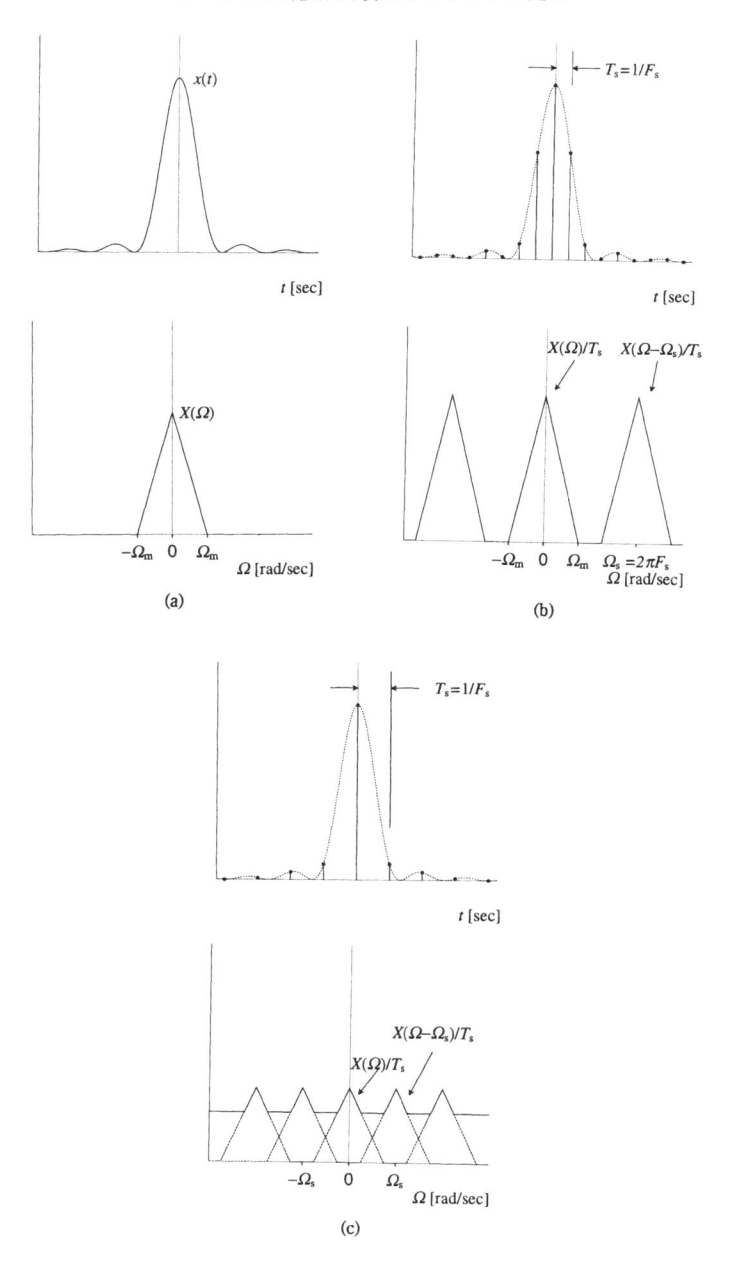

図 4.19 サンプリングの影響

4.5 サンプリング定理

いほど，周期は長い．

□ サンプリング周波数が低いと，スペクトルが重なる場合がある(図4.19(c))．このようなスペクトルの重なりを，**折り返しひずみ**，あるいは**エリアジング**という．スペクトルの重なりが生じなければ，離散時間信号は，アナログ信号のスペクトルをひずみなく持つことができる．すなわちこの場合，離散時間信号は，アナログ信号の情報を失っていない．

(3) ナイキスト間隔

スペクトルの重なりは，信号の帯域 $\Omega_m = 2\pi F_m$ とサンプリング周波数 $\Omega_s = 2\pi F_s$ の関係から決まる．明らかに，

$$F_s > 2F_m \tag{4.52}$$

であれば，スペクトルの重なりは生じない．

スペクトルが重なる限界のサンプリング周波数 $F_s = 2F_m$ を**ナイキスト周波数** (Nquist frequency)，その逆数 $T_s = 1/F_s$ を**ナイキスト間隔**という．

(4) サンプリング定理

F_m[Hz]で帯域制限された信号 $x(t)$ は，サンプリング周波数 $F_s > 2F_m$ によるサンプル値より一意に決定される．

これを**サンプリング定理**という．スペクトルが重ならないようにサンプリングを行えば，そのサンプル値を用いて元のアナログ信号を復元できることを意味する．この定理の存在により，音声や画像などのメディアをディジタル信号として処理することが可能となる．

【例題 4.11】 コンパクトディスク (CD) などでは，オーディオ信号を人間の可聴周波数 (20[kHz] 以下) を考慮して，$F_m = 20$[kHz] の帯域制限信号をまずつくる．この信号に対するナイキスト周波数を示せ．

【解答】 帯域の2倍であり，40[kHz]がナイキスト周波数となる．したがって，サンプリング定理を満たすためには，40[kHz] より高いサンプリング周波数を選ばなければならい．実際，コンパクトディスク (CD) やミニディスク (MD) では 44.1[kHz] のサンプリング周波数を使用し，ディジタル信号に変換している．   □

(5) アナログ–ディジタル変換

以上の議論から，アナログ信号をディジタル信号に変換するためには，図 4.20 の手順が必要であることがわかる．すなわち

- □ 帯域制限信号をつくるために，アナログフィルタにより高い周波数スペクトルを捨てる．
- □ サンプリング定理を満たすサンプリング周波数を選び，サンプリングする．
- □ 各サンプル値を量子化し，ディジタル信号を生成する．

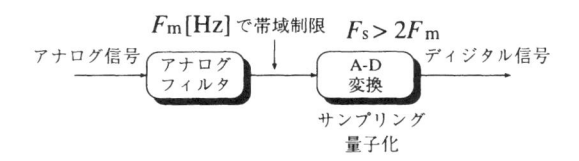

図 4.20 アナログ-ディジタル変換

もし帯域制限を行わなければ，サンプリング定理を満たすことができず，エリアジングが生じる．このため，帯域制限用のアナログフィルタを，アンチエリアジング (anti-aliasing) フィルタということもある．

また，サンプリング及び量子化の操作を**アナログ–ディジタル変換**，その装置をアナログ–ディジタル (A-D) 変換器という．ときどき，A-D 変換器を，サンプリングされた信号を量子化する装置に対して使用する．一方逆に，ディジタル信号を，再びアナログ信号に戻す操作を**ディジタル–アナログ変換**，その装置をディジタル–アナログ (D-A) 変換器という．

演 習 問 題

(1) 図 4.21 の周波数スペクトルを参照し，以下の問いに答えよ．但し，$\Omega_0 = 4\pi[\text{rad/sec}]$ とする．

  (a) 対応する時間信号 $x_{T_0}(t)$ を示せ．

  (b) この信号 $x_{T_0}(t)$ の周期 T_0 を示せ．

演 習 問 題

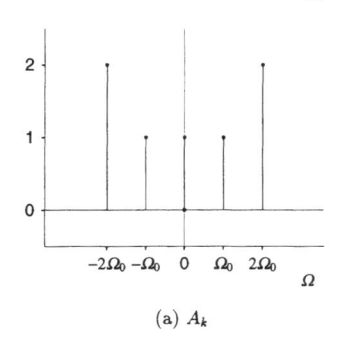

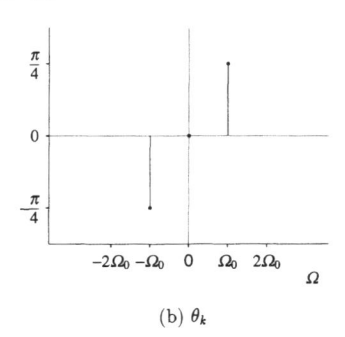

(a) A_k

(b) θ_k

図 4.21　演習問題 (1) の説明 $(\Omega_0 = 4\pi)$

(2) $x(t) = 1 + \cos(\Omega_0 t + \pi/4) + 2\cos(2\Omega_0 t - \pi/2)$ を複素フーリエ級数の形式に変形し，その周波数スペクトルを図示せよ．

(3) (2)の信号を $Fs = 5[\text{Hz}]$ でサンプリングする．この離散時間信号のエリアジング係数を図示せよ．但し，$\Omega_0 = 2\pi[\text{rad/sec}]$ とする．

(4) (3) の離散時間信号の離散時間フーリエ係数を求め，図示せよ．

(5) 図 4.22 の周波数スペクトルを持つ時間信号を求めよ．

(6) 離散時間信号 $x(n)$ の離散時間フーリエ変換を図 4.23 とする．以下の信号の離散時間フーリエ変換を図示せよ．

   (a) $y(n) = 2x(n)$

   (b) $y(n) = x(n-2)$

   (c) $y(n) = (-1)^n x(n)$

   (d) $y(n) = x(n)\cos(\pi n/4)$

   (e) $y(n) = x(n)\cos(\pi n/4)\cos(\pi n/4)$

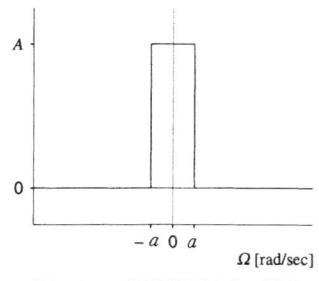

図 4.22　演習問題 (5) の説明

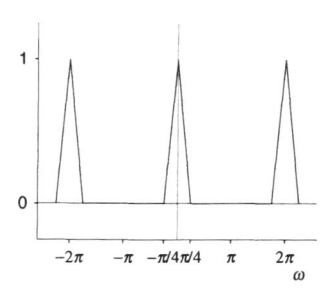

図 4.23　演習問題 (6) の説明

(7) 図 4.24(a) の信号の離散時間フーリエ変換を求めよ．図 4.24(b) の信号の離散時間フーリエ係数を求めよ．

(8) (1) の信号を再び考える．以下の問いに答えよ．

　(a)　ナイキスト間隔を求めよ．

　(b)　サンプリング定理を満たすようにサンプリングしたい．サンプリング周波数を求めよ．

　(c)　サンプリング周波数を $F_s = 8\,[\mathrm{Hz}]$ と選ぶ．サンプリング定理を満たすかどうかを示せ．満たさない場合，帯域制限のためのアナログフィルタの振幅特性を示せ．

(9) 式 (4.24) を式 (4.23) に代入し，両式が変換対であることを導け．

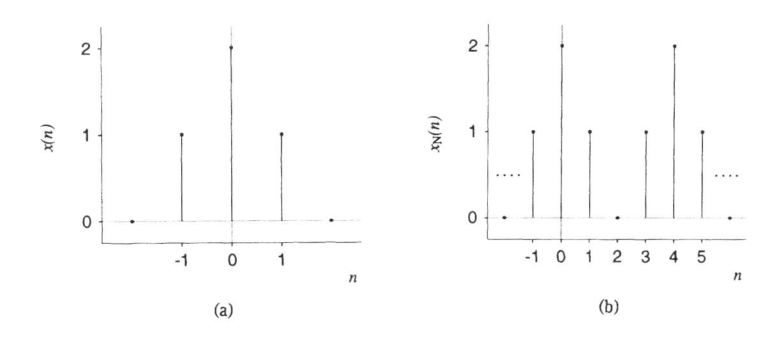

図 4.24　演習問題 (7) の説明

5 高速フーリエ変換と窓関数

前章では，信号の周波数解析法について述べた．しかし，前章の解析法をコンピュータを用いて実行する場合には，実際の場面で幾つかの問題が生じる．例えば，音声信号などの膨大なデータを一度に解析できない点，また前章の方法ではその実行が複雑で，解析に時間がかかり過ぎる点がある．本章では，それらの問題と解決法を説明する．前者の問題に対して窓関数が，後者の問題の解決には高速フーリエ変換が広く用いられている．

5.1 周波数解析法の問題点

本章の目的を明確にするために，前章で述べた周波数解析法の問題点をまず説明する．

離散時間フーリエ変換を例にして，実際上の問題点を示す．前章で述べたように，離散時間逆フーリエ変換と離散時間フーリエ変換は，それぞれ

$$x(n) = \frac{1}{2\pi} \int_0^{2\pi} X(e^{j\omega}) e^{j\omega n} d\omega \tag{5.1}$$

$$X(e^{j\omega}) = \sum_{n=-\infty}^{\infty} x(n) e^{-j\omega n} \tag{5.2}$$

と与えられる．この式をコンピュータを用いて計算するとき，以下の点が問題となる．

- □ 式 (5.2)の総和が無限の範囲であり，計算不可能
- □ 式 (5.1)の積分を正確に計算することが困難

実際の計算では，前者の問題に対しては，有限の範囲でのみ値を持つ信号

$x(n)$ を考えるか，あるいは信号 $x(n)$ のある有限な範囲のみに着目する必要がある．後者の問題の解決には，積分を近似的に計算しなければならない．

以下では，これらの点を考慮した周波数解析を詳細に説明する．したがって，実際にコンピュータを用いて周波数解析を行う場合には，以下で述べる方法が広く使用されている．

5.2　離散フーリエ変換

(1)　M点信号の離散時間フーリエ変換

ここでは，図 5.1(a) に示すように，有限な M 点の信号 $x(n)$ が，$n = 0, 1, \cdots, M-1$ の範囲に存在すると仮定しよう．このとき，式 (5.2)の離散時間フーリエ変換 (discrete-time Fourier transform, DTFT) は

$$X(e^{j\omega}) = \sum_{n=0}^{M-1} x(n) e^{-j\omega n} \tag{5.3}$$

となる．上式から，信号 $x(n)$ の非零値の範囲が有限な場合には，無限の総和の問題を回避できることがわかる．

図 5.1(b) に離散時間フーリエ変換を実際に計算し，求めた振幅スペクトル $A(\omega) = |X(e^{j\omega})|$ を図示している．信号の範囲が有限であっても，スペクトルは ω に関して連続である (連続スペクトルを持つ) ことがわかる．

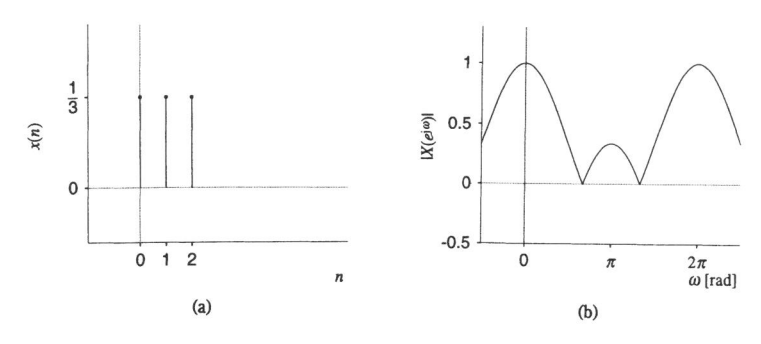

図 5.1　M点信号とその振幅スペクトル ($M = 3$ を仮定)

(2)　周波数スペクトルの離散化

コンピュータを用いた計算において，連続スペクトルの値をすべての ω につ

5.2 離散フーリエ変換

いて計算することはできない．そこで，連続スペクトルの近似として，離散的な ω についてスペクトル値を計算する必要がある．

いま，スペクトルの1周期を N 当分するように，スペクトルを離散化しよう．すなわち，

$$\omega_k = 2\pi k/N, \quad k = 0, 1, 2, \cdots, N-1 \tag{5.4}$$

と選ぶ．ここで，スペクトルの周期性から，独立なスペクトルは N 個であること ($\omega_k, k = 0, 1, 2, \cdots, N-1$) を注意する．図5.2(b)($N = 8$) は，このよう

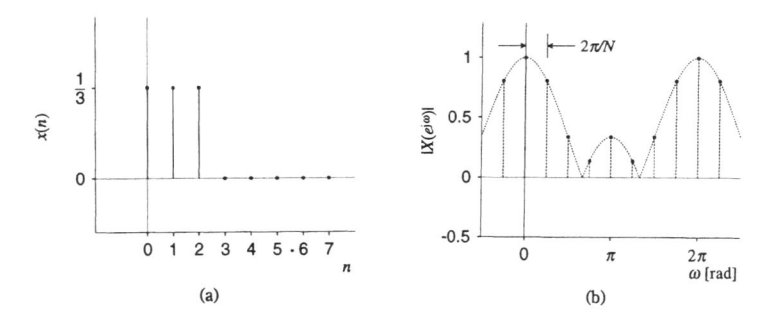

図 5.2 周波数スペクトルの離散化 ($N = 8$)

すを表している．

式(5.4)を式(5.3)に代入すると

$$X(e^{j2\pi k/N}) = \sum_{n=0}^{M-1} x(n) e^{-j2\pi nk/N} \tag{5.5}$$

となる．いま，$N \geq M$ を仮定し，さらに

$$x(n) = 0, \quad n = M, M+1, \cdots, N-1 \tag{5.6}$$

とおき，信号 $x(n)$ の後ろに零値を挿入し，$x(n)$ を再定義する (図5.2(a))．また，表現を簡潔にするために

$$X(k) = X(e^{j2\pi k/N}) \tag{5.7}$$

$$W_N = e^{-j2\pi/N} \tag{5.8}$$

とおく．このとき，式(5.5)は

$$X(k) = \sum_{n=0}^{N-1} x(n) W_N^{nk} \tag{5.9}$$

となる．

式 (5.9) を用いたフーリエ解析は，信号 $x(n)$ が有限であり，かつ周波数スペクトルは離散的であるので，コンピュータを用いて実行するのに適する．この式 (5.9) を，$x(n)$ の N 点**離散フーリエ変換** (discrete Fourier transform, DFT) という．離散という表現は，離散時間信号を離散スペクトルで解析するという，時間領域と周波数領域の両方で離散的という意味がある．

（3） DFT と IDFT

式 (5.9) の表現を再び考えよう．この式は，離散時間フーリエ級数 (式 (4.24)) とほぼ一致している．違いは，式 (5.9) の信号 $x(n)$ が，本来，周期信号ではない点にある．

したがって DFT を，非周期信号 $x(n)$ に対して周期 N を仮定し，離散時間フーリエ級数の問題として，周波数解析を実行する方法である，と解釈することができる．周期 N の仮定には自由度があり，仮定される N の大きさにより，周波数の離散化 (周波数のサンプリング) の細かさが決定される．

次に，逆離散フーリエ変換 (inverse discrete Fourier transform, IDFT) を考えよう．DFT の式が離散時間フーリエ級数と一致することから，IDFT は，式 (4.23) から

$$x(n) = \frac{1}{N} \sum_{k=0}^{N-1} X(k) W_N^{-nk}, \quad n = 0, 1, \cdots, N-1 \tag{5.10}$$

と与えられる．上式における $x(n)$ の定義域，$n = 0, 1, \cdots, N-1$ に注意してほしい．フーリエ級数では，すべての時間で信号は定義され，信号は周期信号であるが，IDFT では 1 周期に相当する上述の範囲のみを取り扱う．これが，離散時間フーリエ級数との違いである．

式 (5.10) は逆変換であるが，式 (5.1) のように積分の計算を必要としない．これは説明を省略するが，周期的スペクトルをサンプリングし，スペクトルの面積 (積分) を長方形の面積の総和として近似したことに相当する．

【**例題 5.1**】 図 5.3(a) の信号 $x(n)$ を周波数スペクトルを DFT により計算したい．ただし，スペクトルの離散化は，1 周期を 8 等分する細かさで行う．その手順を示せ．

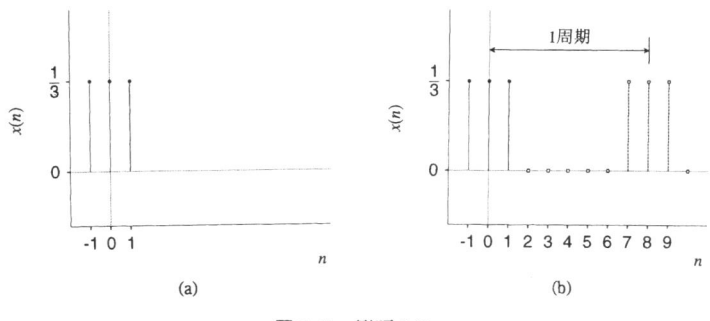

図 5.3　例題 5.2

【解答】 この信号の離散時間フーリエ変換は，

$$X(e^{j\omega}) = (1/3)(e^{j\omega} + 1 + e^{-j\omega}) = (1/3)(2\cos\omega + 1) \tag{5.11}$$

となる．このスペクトルを 8 等分した値を求めればよい．そこで $N = 8$ とおき，$x(n)$ から周期 8 の信号を生成する（図 5.3(b)）．この周期信号の $n = 0, 1, \cdots, N-1$ の範囲（1 周期）に着目し，DFT を計算すればよい．すなわち

$$\begin{aligned} X(k) &= (1/3)\left(1 + W_8^k + W_8^{7k}\right) = (1/3)\left(1 + W_8^k + W_8^{-k}\right) \\ &= (1/3)\left\{1 + 2\cos(2\pi k/8)\right\} \end{aligned}$$

となる．

以上のように，信号の定義域が $n = 0$ から始まらない場合にも，周期性を仮定し，その 1 周期に着目することにより，DFT を計算することができる．

□

5.3　高速フーリエ変換

信号の存在範囲が有限な場合，離散的な周波数スペクトルに着目することにより，周波数解析を DFT により実行できることを述べた．しかし，DFT の計算に要する演算量は，少なくはない．ここでは，DFT を少ない演算量で計算するための手法である**高速フーリエ変換** (fast Fourier transform, FFT) を説明する．FFT は，ディジタル信号処理において，非常に幅広く利用されている手法である．

5.3.1　DFT の演算量

まず，DFT の演算量に着目しよう．$N = 4$ を例にすると，式 (5.9) は

$$\begin{bmatrix} X(0) \\ X(1) \\ X(2) \\ X(3) \end{bmatrix} = \begin{bmatrix} W_4^0 & W_4^0 & W_4^0 & W_4^0 \\ W_4^0 & W_4^1 & W_4^2 & W_4^3 \\ W_4^0 & W_4^2 & W_4^4 & W_4^6 \\ W_4^0 & W_4^3 & W_4^6 & W_4^9 \end{bmatrix} \begin{bmatrix} x(0) \\ x(1) \\ x(2) \\ x(3) \end{bmatrix} \qquad (5.12)$$

と行列表記することができる.

明らかに，1つの $X(k)$ を求めるのに，4回の乗算と3回の加算が必要である．しかも，各演算は W_N が複素数であるので，複素数演算である．したがって，N 点の DFT を計算するのに，

$$M_D = N^2 \qquad (5.13)$$

$$A_D = N(N-1) \qquad (5.14)$$

回の複素乗算 M_D と複素加算 A_D が必要であることがわかる．この演算量は，図5.4に示すように，N の増加に伴い急激に増大してしまう．

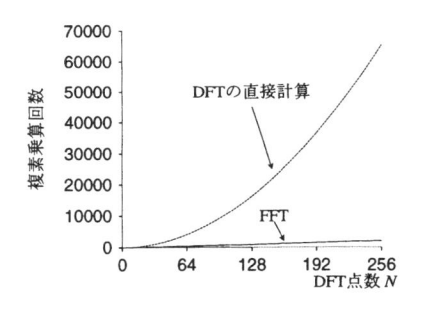

図 5.4 乗算回数の比較

高速フーリエ変換 (FFT) は，DFT 演算に要するこの演算量を低減するための手法である．このような演算量の低減手法は，しばしば高速アルゴリズムと呼ばれる．後述するように，FFT を用いて DFT を計算した場合，複素乗算回数 M_F，複素加算回数 A_F は

$$M_F = (N/2)(\log_2 N - 1) \qquad (5.15)$$

$$A_F = N \log_2 N \qquad (5.16)$$

と与えられる．図5.4の比較から，DFT を直接計算した場合に比べ，FFT が非常に少ない演算量を与えることがわかる．

5.3 高速フーリエ変換

【例題 5.2】 $N = 2^8 = 256$, $N = 2^{10} = 1024$ の場合について，DFT を直接計算した場合と FFT を用いた場合の乗算回数をそれぞれ比較せよ．

【解答】 直接計算では，$N = 256$ で 65536 回，$N = 1024$ で 1048576 回の複素乗算が必要である．一方，FFT を用いた場合には，$N = 256$ で 896 回，$N = 1024$ で 4608 回となる．ゆえに，その割合は，$N = 256$ で 73.143，$N = 1024$ では 227.556 となり，N が大きいほど，FFT の効果が顕著になる． □

5.3.2 FFT アルゴリズム

さて，DFT の高速アルゴリズムである FFT について具体的に説明しよう．FFT には，非常に多くのアルゴリズムがある．以下では，基本的で広く使用されている**基数 2 の周波数間引き型** (decimation in frequency) アルゴリズムを紹介する．

(1) FFT アルゴリズム

以下では，DFT 点数 N を 2 のべき乗と仮定する．$N = 2^2 = 4$ とすると，DFT は，式 (5.12) と表現される．いま，$X(k)$ の k の値を表 5.1 のように変換し，$X(k)$ を並びかえる．すなわち，

- k を 2 進数で表す．
- ビット反転する．
- 10 進数に戻す．

その結果，式 (5.12) を

表 5.1 ビット反転 ($N = 4$)

k						
0		00		00		0
1	2 進数	01	ビット反転	10	10 進数	2
2	→	10	→	01	→	1
3		11		11		3

$$\begin{bmatrix} X(0) \\ X(2) \\ X(1) \\ X(3) \end{bmatrix} = \begin{bmatrix} W_4^0 & W_4^0 & W_4^0 & W_4^0 \\ W_4^0 & W_4^2 & W_4^4 & W_4^6 \\ W_4^0 & W_4^1 & W_4^2 & W_4^3 \\ W_4^0 & W_4^3 & W_4^6 & W_4^9 \end{bmatrix} \begin{bmatrix} x(0) \\ x(1) \\ x(2) \\ x(3) \end{bmatrix} \tag{5.17}$$

と並びかえる．このように $X(k)$ を並び換えることから，そのアルゴリズムを周波数間引き型という[†]．いま，$X(k)$ を並び換えた結果できる式 (5.17) の行列を

$$\hat{\boldsymbol{W}}_4 = \begin{bmatrix} W_4^0 & W_4^0 & W_4^0 & W_4^0 \\ W_4^0 & W_4^2 & W_4^4 & W_4^6 \\ W_4^0 & W_4^1 & W_4^2 & W_4^3 \\ W_4^0 & W_4^3 & W_4^6 & W_4^9 \end{bmatrix} \tag{5.18}$$

とおいておく．

次に，$W_N = e^{-j2\pi/N}$ は，$W_N^{2k} = W_{N/2}^k$，$W_N^{nk} = W_N^{((nk))_N}$ が成立することに注意する．ただし，$((x))_N$ は x を N で割った余りを意味し，例えば $((5))_4 = 1$ となる．したがって，上式を

$$\begin{bmatrix} X(0) \\ X(2) \\ X(1) \\ X(3) \end{bmatrix} = \left[\begin{array}{cc|cc} W_4^0 & W_4^0 & W_4^0 & W_4^0 \\ W_4^0 & W_4^2 & W_4^0 & W_4^2 \\ \hline W_4^0 & W_4^1 & W_4^2 & W_4^3 \\ W_4^0 & W_4^3 & W_4^2 & W_4^1 \end{array} \right] \begin{bmatrix} x(0) \\ x(1) \\ x(2) \\ x(3) \end{bmatrix}$$

$$= \left[\begin{array}{c|c} \hat{\boldsymbol{W}}_2 & \hat{\boldsymbol{W}}_2 \\ \hline \hat{\boldsymbol{W}}_2 \boldsymbol{\Lambda}_2 & -\hat{\boldsymbol{W}}_2 \boldsymbol{\Lambda}_2 \end{array} \right] \begin{bmatrix} x(0) \\ x(1) \\ x(2) \\ x(3) \end{bmatrix} \tag{5.19}$$

と整理することができる．ただし，

$$\hat{\boldsymbol{W}}_2 = \begin{bmatrix} W_2^0 & W_2^0 \\ W_2^0 & W_2^1 \end{bmatrix}, \qquad \boldsymbol{\Lambda}_2 = \begin{bmatrix} W_4^0 & 0 \\ 0 & W_4^1 \end{bmatrix} \tag{5.20}$$

である．ゆえに，式 (5.17) を 2×2 の零行列 $\boldsymbol{o}_2$，単位行列 $\boldsymbol{I}_2$ を用いて，

[†] 時間信号 $x(n)$ を並び換える高速アルゴリズムもある．それを時間間引き型という．

5.3 高速フーリエ変換

$$\begin{bmatrix} X(0) \\ X(2) \\ X(1) \\ X(3) \end{bmatrix} = \begin{bmatrix} \hat{\boldsymbol{W}}_2 & \boldsymbol{o}_2 \\ \boldsymbol{o}_2 & \hat{\boldsymbol{W}}_2 \end{bmatrix} \begin{bmatrix} \boldsymbol{I}_2 & \boldsymbol{o}_2 \\ \boldsymbol{o}_2 & \boldsymbol{\Lambda}_2 \end{bmatrix}$$

$$\cdot \begin{bmatrix} \boldsymbol{I}_2 & \boldsymbol{I}_2 \\ \boldsymbol{I}_2 & -\boldsymbol{I}_2 \end{bmatrix} \begin{bmatrix} x(0) \\ x(1) \\ x(2) \\ x(3) \end{bmatrix}$$

$$= \begin{bmatrix} 1 & 1 & 0 & 0 \\ 1 & -1 & 0 & 0 \\ 0 & 0 & 1 & 1 \\ 0 & 0 & 1 & -1 \end{bmatrix} \begin{bmatrix} 1 & 0 & 0 & 0 \\ 0 & 1 & 0 & 0 \\ 0 & 0 & W_4^0 & 0 \\ 0 & 0 & 0 & W_4^1 \end{bmatrix}$$

$$\cdot \begin{bmatrix} 1 & 0 & 1 & 0 \\ 0 & 1 & 0 & 1 \\ 1 & 0 & -1 & 0 \\ 0 & 1 & 0 & -1 \end{bmatrix} \begin{bmatrix} x(0) \\ x(1) \\ x(2) \\ x(3) \end{bmatrix} \quad (5.21)$$

と4点DFTを2点DFTからなる行列の積として表現できる．この分解は，図5.5に示す計算手順を意味する．

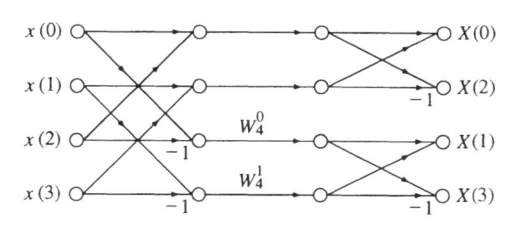

図 5.5 4点FFTの計算手順

以上のような分解は，$N=4$の場合に限らず，2のべき乗のNに対して一般的に成立する．$N=8$の場合を例にすると，$X(k)$を並び換えた8点DFTの行列$\hat{\boldsymbol{W}}_8$をまず4点DFTの行列$\hat{\boldsymbol{W}}_4$に分解し，次に4点DFTをさらに2点DFT$\hat{\boldsymbol{W}}_2$に分解することができる．すなわち，表5.2に示すように，まず，

5 高速フーリエ変換と窓関数

表 5.2 ビット反転 ($N=8$)

k		2進数		ビット反転		10進数
0		000		000		0
1		001		100		4
2		010		010		2
3		011		110		6
4	→	100	→	001	→	1
5		101		101		5
6		110		011		3
7		111		111		7

$k=0,1,\cdots,7$ をビット反転し，$X(k)$ を並びかえる．このとき，次のような行列に分解することができる．

$$\begin{bmatrix} X(0) \\ X(4) \\ X(2) \\ X(6) \\ X(1) \\ X(5) \\ X(3) \\ X(7) \end{bmatrix} = \begin{bmatrix} \hat{W}_4 & o_4 \\ o_4 & \hat{W}_4 \end{bmatrix} \begin{bmatrix} I_4 & o_4 \\ o_4 & \Lambda_4 \end{bmatrix}$$

$$\cdot \begin{bmatrix} I_4 & I_4 \\ I_4 & -I_4 \end{bmatrix} \begin{bmatrix} x(0) \\ x(1) \\ x(2) \\ x(3) \\ x(4) \\ x(5) \\ x(6) \\ x(7) \end{bmatrix}$$

$$
= \begin{bmatrix} W_4^0 & W_4^0 & W_4^0 & W_4^0 & 0 & 0 & 0 & 0 \\ W_4^0 & W_4^2 & W_4^4 & W_4^6 & 0 & 0 & 0 & 0 \\ W_4^0 & W_4^1 & W_4^2 & W_4^3 & 0 & 0 & 0 & 0 \\ W_4^0 & W_4^3 & W_4^6 & W_4^9 & 0 & 0 & 0 & 0 \\ \hline 0 & 0 & 0 & 0 & W_4^0 & W_4^0 & W_4^0 & W_4^0 \\ 0 & 0 & 0 & 0 & W_4^0 & W_4^2 & W_4^4 & W_4^6 \\ 0 & 0 & 0 & 0 & W_4^0 & W_4^1 & W_4^2 & W_4^3 \\ 0 & 0 & 0 & 0 & W_4^0 & W_4^3 & W_4^6 & W_4^9 \end{bmatrix}
$$

$$
\cdot \begin{bmatrix} 1 & 0 & 0 & 0 & 0 & 0 & 0 & 0 \\ 0 & 1 & 0 & 0 & 0 & 0 & 0 & 0 \\ 0 & 0 & 1 & 0 & 0 & 0 & 0 & 0 \\ 0 & 0 & 0 & 1 & 0 & 0 & 0 & 0 \\ \hline 0 & 0 & 0 & 0 & W_8^0 & 0 & 0 & 0 \\ 0 & 0 & 0 & 0 & 0 & W_8^1 & 0 & 0 \\ 0 & 0 & 0 & 0 & 0 & 0 & W_8^2 & 0 \\ 0 & 0 & 0 & 0 & 0 & 0 & 0 & W_8^3 \end{bmatrix}
$$

$$
\cdot \begin{bmatrix} 1 & 0 & 0 & 0 & 1 & 0 & 0 & 0 \\ 0 & 1 & 0 & 0 & 0 & 1 & 0 & 0 \\ 0 & 0 & 1 & 0 & 0 & 0 & 1 & 0 \\ 0 & 0 & 0 & 1 & 0 & 0 & 0 & 1 \\ \hline 1 & 0 & 0 & 0 & -1 & 0 & 0 & 0 \\ 0 & 1 & 0 & 0 & 0 & -1 & 0 & 0 \\ 0 & 0 & 1 & 0 & 0 & 0 & -1 & 0 \\ 0 & 0 & 0 & 1 & 0 & 0 & 0 & -1 \end{bmatrix} \begin{bmatrix} x(0) \\ x(1) \\ x(2) \\ x(3) \\ x(4) \\ x(5) \\ x(6) \\ x(7) \end{bmatrix}
$$
(5.22)

この分解は，図 5.6 の計算の流れに対応する．従って，$\hat{\boldsymbol{W}}_4$ の計算に図 5.5 を利用でき，図 5.7 の結論を得ることができる．このような手順で，DFT の計算を実行すると，後述するように，少ない演算量でその値を計算することが可能

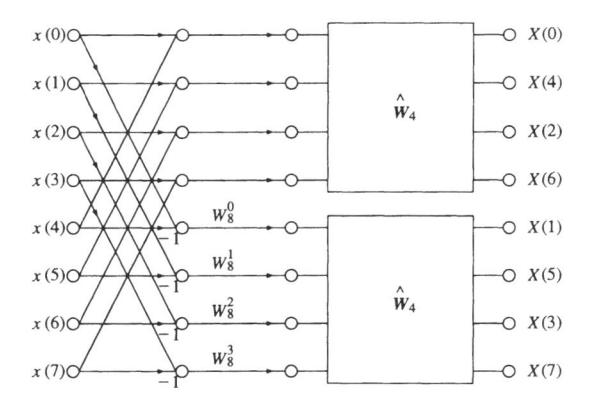

図 5.6 式 (5.22) の計算手順

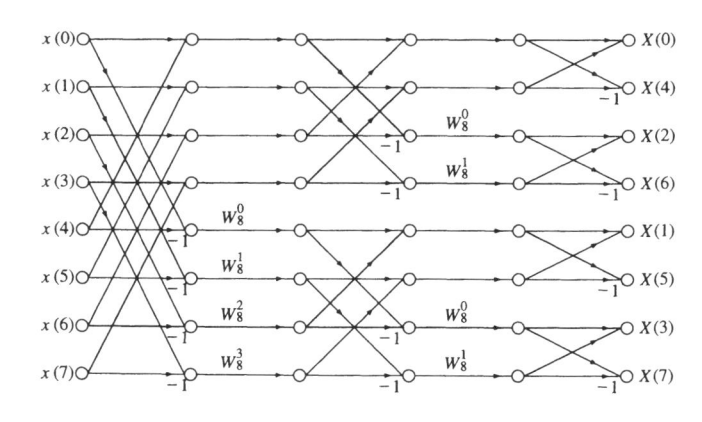

図 5.7 8 点 FFT の計算手順

となる．

また，図 5.7 から，以下の点に注目してほしい．

- 図 5.8 の計算 (**バタフライ** (butterfly) **演算**という) の組み合わせとして，実現される．
- バタフライ演算のステージ数は，$3 = \log_2 N$ 段である．
- 各ステージでの W_N の演算は，高々 $N/2$ 回である．

実際の FFT では，さらに最後に $X(k)$ を並び換え，元の順番に戻す必要がある．

5.3 高速フーリエ変換

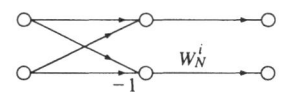

図 **5.8** バタフライ演算

【例題 5.3】 2 点 DFT を示し，その計算の流れ図を描け．

【解答】 2 点 DFT は

$$\begin{bmatrix} X(0) \\ X(1) \end{bmatrix} = \begin{bmatrix} 1 & 1 \\ 1 & -1 \end{bmatrix} \begin{bmatrix} x(0) \\ x(1) \end{bmatrix} \tag{5.23}$$

となり，図5.9の流れ図を得る．2 点 DFT は，乗算を必要としないことがわかる．したがって，DFT の行列分解の際の最小単位となる．

□

図 **5.9** 2 点 DFT の計算の流れ図

（2） FFT アルゴリズムの演算量

さて，上述の行列分解により，DFT の計算に要する演算量が低減できることを確認しよう．

式 (5.22)と図 5.7に着目しよう．複素乗算は，W_Nの乗算のみで生じる．したがって，N点 DFT では，ステージ数 $-1 = \log_2 N - 1$ のステージで複素乗算を含み，また，その各ステージには$N/2$回の乗算がある．ゆえに，式 (5.15)の乗算回数となる．ただし，$W_N^0 = 1$の乗算は実質的に行う必要はないので，実際の乗算回数はさらに少ない．

一方，複素加算は，バタフライ演算で生じる．$\log_2 N$段のステージのすべ

てバタフライ演算は存在し，各ステージで N 回の加算が必要である．ゆえに，式 (5.16) の加算回数を得る．ただし，入力信号が実数の場合，最初のステージのバタフライ演算は複素演算ではないが，複素演算として演算量を見積もっている．

5.3.3 IFFT アルゴリズム

式 (5.10) の IDFT に対して高速アルゴリズムを考えよう．FFT アルゴリズムのわずかな修正により，IDFT を少ない演算量で実行することができる．

DFT と IDFT の違いは，W_N の指数の符号の違いと $(1/N)$ の利得の修正を行うかどうかである．$N=4$ の場合の IDFT を例にすると，IDFT は

$$\begin{bmatrix} x(0) \\ x(1) \\ x(2) \\ x(3) \end{bmatrix} = \frac{1}{4} \begin{bmatrix} W_N^0 & W_N^0 & W_N^0 & W_N^0 \\ W_N^0 & W_N^{-1} & W_N^{-2} & W_N^{-3} \\ W_N^0 & W_N^{-2} & W_N^{-4} & W_N^{-6} \\ W_N^0 & W_N^{-3} & W_N^{-6} & W_N^{-9} \end{bmatrix} \begin{bmatrix} X(0) \\ X(1) \\ X(2) \\ X(3) \end{bmatrix} \quad (5.24)$$

となる．$W_N = e^{-j2\pi/N}$ の性質に注意すると，上式を

$$\begin{bmatrix} x(0) \\ x(1) \\ x(2) \\ x(3) \end{bmatrix} = \frac{1}{4} \begin{bmatrix} W_N^0 & W_N^0 & W_N^0 & W_N^0 \\ W_N^0 & W_N^3 & W_N^6 & W_N^9 \\ W_N^0 & W_N^2 & W_N^4 & W_N^6 \\ W_N^0 & W_N^1 & W_N^2 & W_N^3 \end{bmatrix} \begin{bmatrix} X(0) \\ X(1) \\ X(2) \\ X(3) \end{bmatrix} \quad (5.25)$$

と正の指数を用いて表現することができる．

いま，式 (5.24) の右辺において，W_N の指数の符号 (W_N^{-nk}) を DFT と同様に正と仮定し (W_N^{nk})，$X(k)$ の変換を定義すると

$$\begin{bmatrix} x'(0) \\ x'(1) \\ x'(2) \\ x'(3) \end{bmatrix} = \frac{1}{4} \begin{bmatrix} W_N^0 & W_N^0 & W_N^0 & W_N^0 \\ W_N^0 & W_N^1 & W_N^2 & W_N^3 \\ W_N^0 & W_N^2 & W_N^4 & W_N^6 \\ W_N^0 & W_N^3 & W_N^6 & W_N^9 \end{bmatrix} \begin{bmatrix} X(0) \\ X(1) \\ X(2) \\ X(3) \end{bmatrix} \quad (5.26)$$

となる．式 (5.25) と式 (5.26) の比較から

$$x(0) = x'(0), \ x(1) = x'(3), \ x(2) = x'(2), \ x(3) = x'(1) \quad (5.27)$$

となることがわかる．つまり，$n=0$ を除き，$x(n) = x'(N-n)$ と逆順で順番を並べ換えればよい．

この結論は，$N=4$ に限らず，2のべき乗の値の N に対して常に成立する．したがって，$X(k)$ の N 点 IDFT $x(n)$ を求める高速アルゴリズム (inverse FFT, IFFT) の手順は，以下のようにまとめられる．

- □ $X(k)$ の DFT を FFT アルゴリズムを用いて計算する．
- □ 利得 $(1/N)$ の修正する．
- □ 結果を並び換える．

5.4 窓関数による信号の切り出し

信号の長さが適当な有限長であれば，その周波数解析を DFT に基づき行うことができ，FFT アルゴリズムを使用できる．したがって，コンピュータを用いて周波数解析を容易に行うことができる．

しかし，音声信号に代表されるように，ディジタル信号において取り扱われる信号の多くは，非常に長く，データ量が膨大である．このような信号の全体を一度にコンピュータを用いて処理することは一般にできない．なぜなら，コンピュータの能力が有限なことから，一度に処理できるデータ量に限界があること，信号全体を取り込むのに要する膨大な遅延時間が許容できないからである．そこで，長い時間信号のある区間を切り出し，その切り出された信号に対して周波数解析を行う必要がある．ここでは，この信号の切り出しの方法と，切り出しの影響について説明する．

5.4.1 窓関数とその影響

まず，信号の切り出しに用いる窓関数と，その切り出しの影響を説明する．

（1） 窓 関 数

図 5.10(a) に示す信号 $x(n)$ の有限区間を切り出す方法を検討しよう．対象信号 $x(n)$ に有限な範囲外で零値を取る $w(n)$ を乗じることにより，信号の切り出しを行う (図 5.10(b) 参照)．すなわち

$$x_w(n) = x(n)w(n) \tag{5.28}$$

と切り出された信号 $x_w(n)$ を解析する．切り出しに用いた有限の信号 $w(n)$ を

(a)

(b)

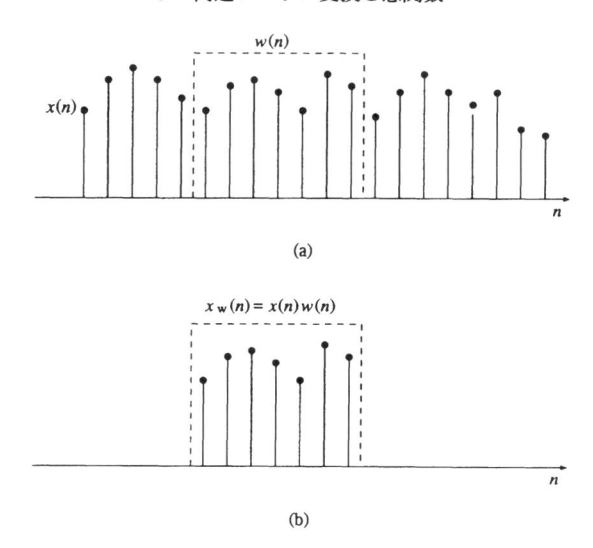

図 5.10 窓関数 $w(n)$ による信号の切り出し

窓関数 (window function) という．

　窓関数 $w(n)$ の長さ (零値以外の範囲) を適当に選べば，$x_w(n)$ の長さを自由に選択することができ，コンピュータによりそれを解析することは容易である．しかし，$x_w(n)$ の周波数スペクトルは，$x(n)$ のスペクトルと異なってしまう．したがって，信号の切り出しにより，スペクトルの受ける影響について注意を払う必要がある．

（2） 切り出しの影響

　図 5.11(a) の正弦波信号を例にしよう．この信号は，$F = 4\mathrm{[Hz]}$ の正弦波信号を $32\mathrm{[Hz]}$ のサンプリング周波数 $F_s = 1/T_s$ でサンプリングした信号である．式で表すと

$$\begin{aligned}x(n) &= \cos(\omega_0 n)\\ &= (1/2)e^{-j\omega_0 n} + (1/2)e^{j\omega_0 n}\end{aligned} \tag{5.29}$$

となる．ここで，$\omega_0 = \Omega T_s = 2\pi F/F_s = \pi/4$ である．

　この信号は，周期的な離散時間信号であるので，解析は離散時間フーリエ級数に基づき行われる．式 (4.24) のフーリエ係数 $X_N(k)$ を用いると，式 (5.29) は

5.4 窓関数による信号の切り出し

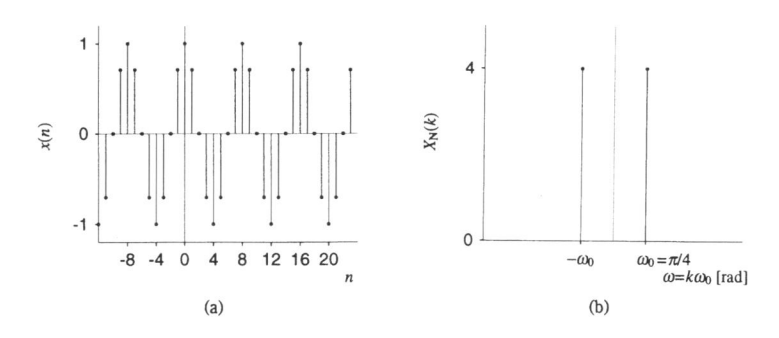

図 5.11 正弦波信号

$$x(n) = (1/N)(X_N(-1)e^{-j\omega_0 n} + X_N(1)e^{j\omega_0 n}) \tag{5.30}$$

と書き直すことができる．ここで，N は 1 周期の点数で，$N = 8$ であり，$X(-1) = X(1) = 4$ となる．したがって，図 5.11(b) の周波数スペクトルが対応する．

さて，図 5.12(a) に示すように，窓関数 $w(n)$ を $x(n)$ に乗じて，信号を切り出す．次に，この $x_w(n) = x(n)w(n)$ と $x(n)$ の周波数スペクトルの違いを調べる．その違いを，信号を切り出した影響と考えることができる．結論は，$x_w(n)$ の周波数スペクトル (離散時間フーリエ変換) として図 5.12(b) を得る．以下でこの理由を説明する．

まず，$x_w(n) = x(n)w(n)$ は，式 (5.29) から

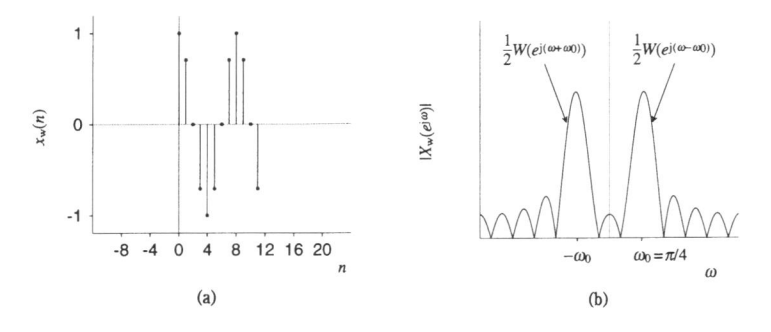

図 5.12 切り出された正弦波信号 (窓長 12)

$$x_w(n) = (1/2)w(n)e^{-j\omega_0 n} + (1/2)w(n)e^{j\omega_0 n} \tag{5.31}$$

となる．ゆえに，$x_w(n)$ の離散時間フーリエ変換 $X_w(e^{j\omega})$ は，周波数シフトの性質 (式 (4.43)参照) から

$$X_w(e^{j\omega}) = (1/2)W(e^{j(\omega+\omega_0)}) + (1/2)W(e^{j(\omega-\omega_0)}) \tag{5.32}$$

と表現される．ただし，$W(e^{j\omega})$ は $w(n)$ の離散時間フーリエ変換である．以上のように，窓関数 $w(n)$ の離散時間フーリエ変換 $W(e^{j\omega})$ が周波数シフトした形で，信号の切り出しの影響が現れることがわかる．

(3) メインローブとサイドローブ

さらに詳しく切り出しの影響を調べるため，窓関数の周波数スペクトル $W(e^{j\omega})$ に着目しよう．図 5.13(a) は，図 5.12の例で用いた窓関数とその周波数スペクトルである．$\omega = 0$ を中心に存在するスペクトルの主部を**メインローブ** (main lobe)，メインローブ以外のスペクトルを**サイドローブ** (side lobe) という．

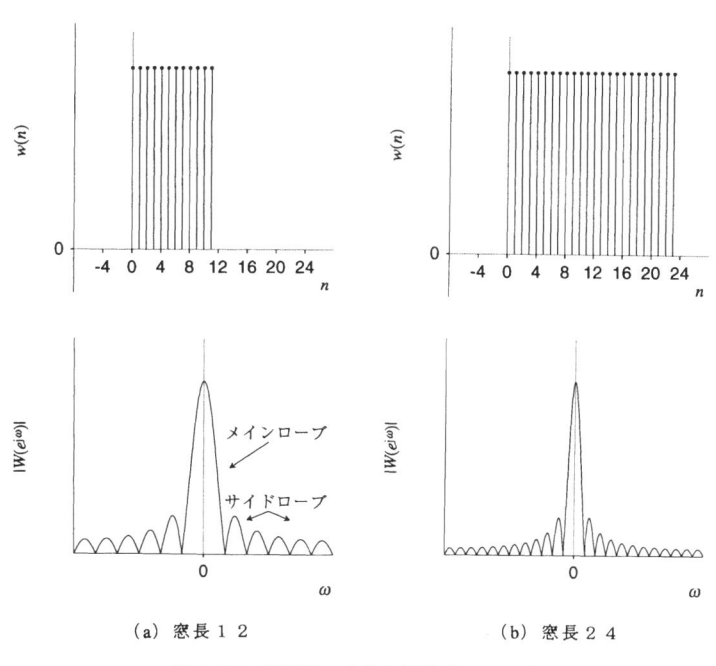

(a) 窓長１２　　　　　　(b) 窓長２４

図 5.13 窓関数 $w(n)$ と周波数スペクトル

図5.12と図5.11の比較から，切り出しの影響を抑えるためには，窓関数は，以下の条件を満たすことが望まれることがわかる．

□ メインローブが急峻であること
□ サイドローブが小さいこと

しかし，ある限られた長さの窓関数では，両者を同時に望むことができず，互いにトレードオフの関係にある．

また，窓関数の長さに自由度がある場合には，メインローブの改善のために，許容できる最大の長さを使用すべきである (演習問題 (6) 参照)．例えば，図 5.13(b) に示すように，窓関数の長さを 2 倍にすると，スペクトルは周波数上で半分に縮小し，結果としてメインローブは急峻となる．メインローブの急峻さは，近接した周波数スペクトルを持つ信号を解析する場合に，サイドローブは大きさの異なるスペクトルを解析する場合に重要である (例題 5.4 参照)．

【例題 5.4】 図 5.14(a) の信号は，2[Hz], 3.8[Hz], および 4[Hz] の正弦波信号の合成信号

$$x(t) = \cos(8\pi t) + 0.5\cos(7.6\pi t) + 0.025\cos(4\pi t)$$

を $F_s = 16[\text{Hz}]$ でサンプリングしたものである．窓長 32 と 64 点の窓関数を用いて周波数スペクトルを求めよ．

【解答】 図 5.14(b)(c) を得る．窓長が短いと，メインローブが近接スペクトルを含んでしまい，スペクトルの分離ができないことがわかる．また，サイドローブが大きいと，小さな値のスペクトルを検出できない． □

5.4.2 代表的な窓関数

窓関数のメインローブとサイドローブが，周波数解析において重要な役割を果たすことを述べた．メインローブとサイドローブの違いにより，種々の窓関数が知られている．表 5.3 に代表的な窓関数を与える．以下では，これらの窓関数について補足しよう．

(1) 方形窓 (rectangular window)

(a)

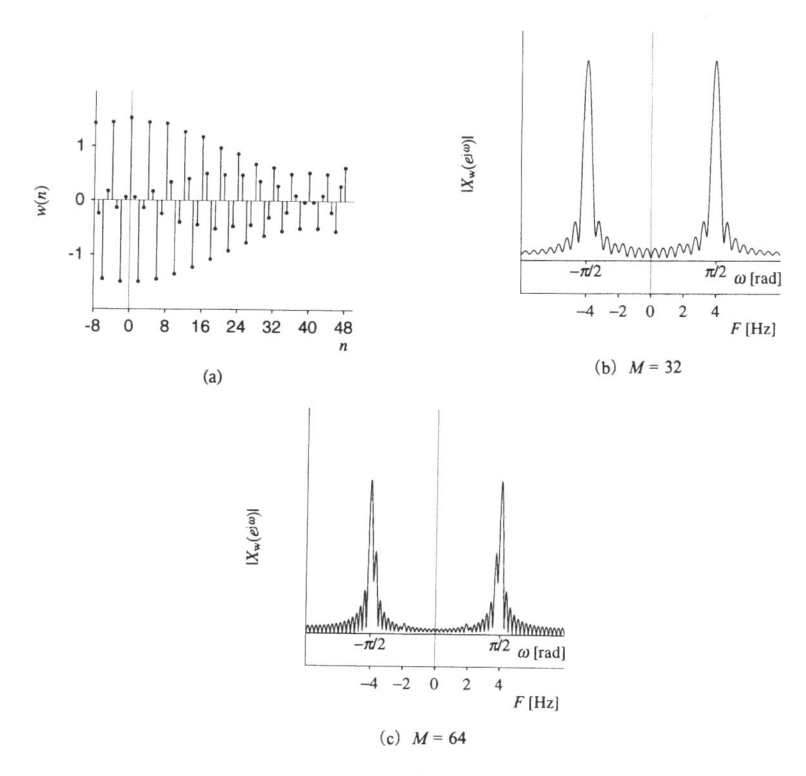

(b) $M = 32$

(c) $M = 64$

図 5.14　例題 5.4

表 5.3　代表的な窓関数

方形窓	$w(n) = \begin{cases} 1 & (0 \leqq n \leqq M-1) \\ 0 & その他 \end{cases}$
ハニング窓	$w(n) = \dfrac{1}{2}\left\{1 - \cos\left(\dfrac{2\pi n}{M}\right)\right\}$
ハミング窓	$w(n) = \alpha - (1-\alpha)\cos\left(\dfrac{2\pi n}{M}\right)$ $(\alpha = 25/46)$
ブラックマンハリス窓	$w(n) = 0.423 - 0.498\cos\left(\dfrac{2\pi n}{M}\right) + 0.0792\cos\left(\dfrac{4\pi n}{M}\right)$

　図 5.15 に，長さ $M = 15$ の場合の時間波形 $w(n)$ とその周波数スペクトル $W(e^{j\omega})$ を与える．ただし，小さな値を明確に示すために，周波数スペクトルとして

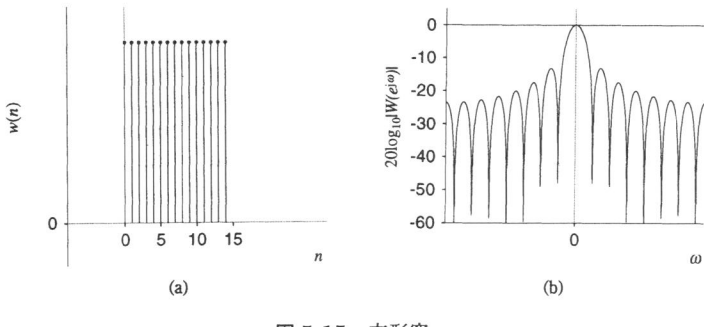

図 5.15　方形窓

$$20 \log_{10} |W(e^{j\omega})| \tag{5.33}$$

と常用対数を計算したものを図示した．このとき，dB(デシベル) を単位とする．この窓関数は，信号のひずみが少なく，基本的で単純な窓である．先の例は，この窓を使用した．他の窓関数と比較したとき，メインローブは急峻であるが，サイドローブの最大値は大きくなってしまう．

（2） ハニング窓 (Hanning window)

図 5.16 に長さ $M = 15$ の場合の時間波形とその周波数スペクトルを与える．

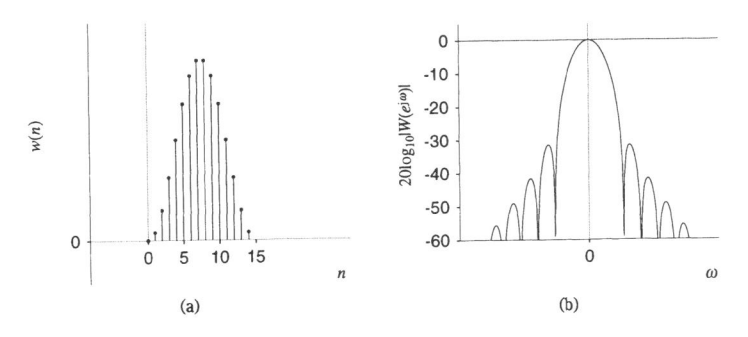

図 5.16　ハニング窓

この窓関数は，メインローブは方形窓に比べ広いが，サイドローブは急速に小さくなることがわかる．

（3） ハミング窓 (Hamming window)

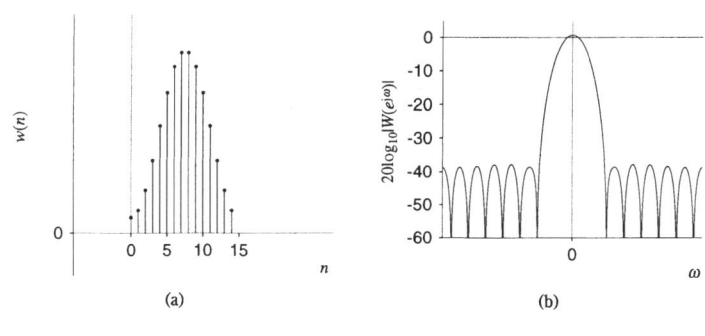

116   5 高速フーリエ変換と窓関数

(a) $w(n)$ 時間波形

(b) $20\log_{10}|W(e^{j\omega})|$

図 5.17 ハミング窓

図 5.17 に長さ $M = 15$ の場合の時間波形とその周波数スペクトルを与える．この窓関数は，メインローブはハミング窓とほぼ同じであるが，サイドローブはメインローブの近くの値が小さい．

以上のように，メインローブとサイドローブの関係が微妙に異なる多数の窓関数が知られている．

【**例題 5.5**】 例題 5.4 の周波数解析をハミング窓を用いて行え．

【**解答**】 図 5.18 の結果を得る．方形波と比べたとき，メインローブが広くサイドローブが小さいという特徴が結果に現れている．   □

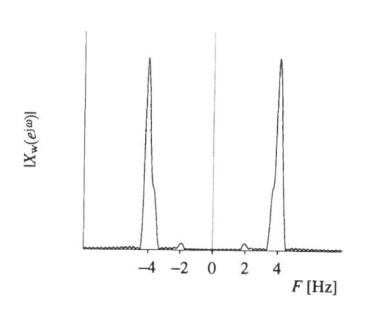

$|X_w(e^{j\omega})|$

図 5.18 例題 5.5　M=64

演習問題

(1) サンプリング周波数 $F_s = 40[\text{kHz}]$ でサンプリングされた信号 $x(n)$, $n = 0, 1, 2, 3$ の周波数スペクトルを DFT により解析したい．ただし，周波数の離散化を $1[\text{kHz}]$ の細かさで行いたい．この DFT 計算のために，準備すべきデータを $x(n)$ を用いて示せ．

(2) サンプリング周波数 $F_s = 40[\text{kHz}]$ でサンプリングされた信号 $x(n)$, $n = 0, 1, 2, 3$ の周波数スペクトルを DFT により解析したい．ただし，DFT は 1024 点の点数を用いるとする．この場合の周波数の離散化の細かさを示せ．

(3) 4点データ $x(0) = 1$, $x(1) = 1$, $x(2) = 0$, $x(3) = 1$ に対して 4 点 DFT を求めよ．

(4) 4点データ $X(0) = 1$, $X(1) = 1$, $X(2) = 0$, $X(3) = 1$ に対して 4 点 IDFT を求め，(3) の結果と比較せよ．

(5) 図 5.19 の計算手順を行列を用いて記述せよ．

(6) アナログ信号 $x(t)$ のフーリエ変換を $X(\Omega)$ とする．このとき，$x(at)$ のフーリエ変換が $(1/|a|)X(\Omega/a)$ となることを示せ．

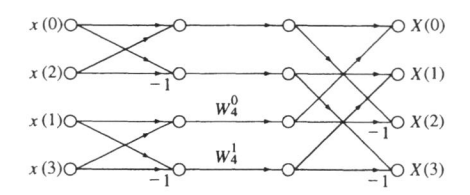

図 5.19 演習問題 (5) の説明

6 ディジタルフィルタ

ディジタルフィルタは，雑音の除去，信号の帯域制限などの非常に多くの応用を持つ重要なシステムである．本章では，先に述べた線形時不変システムを，特にディジタルフィルタという立場から説明する．次章以降の画像処理の理解にも，本章の理解が重要である．

6.1 ディジタルフィルタとは

まず，ディジタルフィルタの概要の理解のために，ディジタルフィルタとアナログフィルタとの違いを説明し，次にディジタルフィルタの種類を分類しよう．

6.1.1 アナログフィルタとディジタルフィルタ

（1） アナログフィルタ

アナログフィルタは，図6.1に示すように，アナログ信号 $x(t)$ を直接処理し，アナログ信号 $y(t)$ を出力するアナログシステムである．これは，例えば，抵抗，コンデンサ，トランジスタや演算増幅器などを用いて実現される．周波数特性は，同図に示すように，非周期的な特性を持つ．

（2） ディジタルフィルタ

一方，ディジタルフィルタは，図6.2に示すように，A-D(アナログ–ディジタル) により生成されたディジタル信号を入力し，ディジタル信号を出力するシステムである．さらに必要があれば，D-A(ディジタル– アナログ) 変換器によりアナログ信号に戻し，最終出力とする．

ディジタルフィルタは，線形時不変システムにおいて述べたように，ディジ

6.1 ディジタルフィルタとは

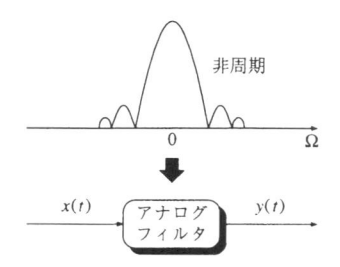

図 6.1 アナログフィルタ

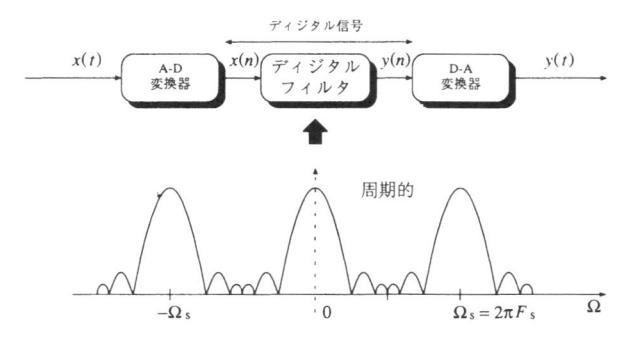

図 6.2 ディジタルフィルタ

タル加算器，乗算器及び遅延器を用いて実現される．また，周波数特性は，サンプリング周波数 F_s で周期的な特性を持つ．このため，独立な帯域は，F_s の半分までとなる．このことから，ディジタルフィルタは，一般に F_s の半分で帯域制限された信号を処理対象とする．

6.1.2 ディジタルフィルタの分類

ディジタルフィルタには種々の分類法がある．ディジタルフィルタの詳細を理解する前に，この分類を理解することが必要である．

（1） IIR フィルタか FIR フィルタ

線形時不変システムは，FIR(有限インパルス応答) システムと IIR(無限インパルス応答) システムに分類できることを先に述べた．同様に，ディジタルフィルタは両者に分類される．

ディジタルフィルタを FIR システムして実現するか，IIR システムとして

実現するかにより，フィルタの特徴が異なる．表 6.1 に両者の違いをまとめる．FIR フィルタを使用する利点は，常に安定性が保証される点，直線位相特性 (詳細な説明は 6.3) を実現できる点にある．欠点，すなわち IIR フィルタの利点は，同じ振幅特性を実現する際に，伝達関数の次数を低くできる点にある．この特徴は，フィルタ処理に伴う演算量を低減する．

実際の応用では，以上の特徴を考慮して，まず最初に，どちらのフィルタを

表 6.1 FIR フィルタと IIR フィルタの比較

	FIR フィルタ	IIR フィルタ
安定性	常に安定	注意必要
直線位相特性	完全に実現可能	実現が困難
伝達関数の次数	高い	低い

使用するのかを決定しなければならない．

(2) 振幅特性による分類

ディジタルフィルタの周波数特性 $H(e^{j\omega})$ は，極座標表現すると

$$H(e^{j\omega}) = A(\omega)e^{j\theta(\omega)} \tag{6.1}$$

振幅特性 $A(\omega)$ と位相特性 $\theta(\omega)$ にわけて表現される．このフィルタの振幅特性の違いにより，フィルタを分類する．図 6.3 に代表的な振幅特性を示す．信号を通す帯域 (図中では，振幅値 1 の帯域) を**通過域** (pass band)，信号を遮断する帯域を**阻止域** (stop band) という．通過域と阻止域の配置から

- □ 低域通過フィルタ (low pass filter, LPF)
- □ 高域通過フィルタ (high pass filter, HPF)
- □ 帯域通過フィルタ (band pass filter, BPF)
- □ 帯域阻止フィルタ (band reject filter, BRF)

と分類される．

高域通過フィルタは，ディジタルフィルタの取り扱える信号の最高の周波数 $F_s/2$ に対して，通過域を持つ特性である．帯域通過フィルタは，$F_s/2$ と直流に通過域を持たない．帯域阻止フィルタは，その逆の特性を持つ．

6.1 ディジタルフィルタとは

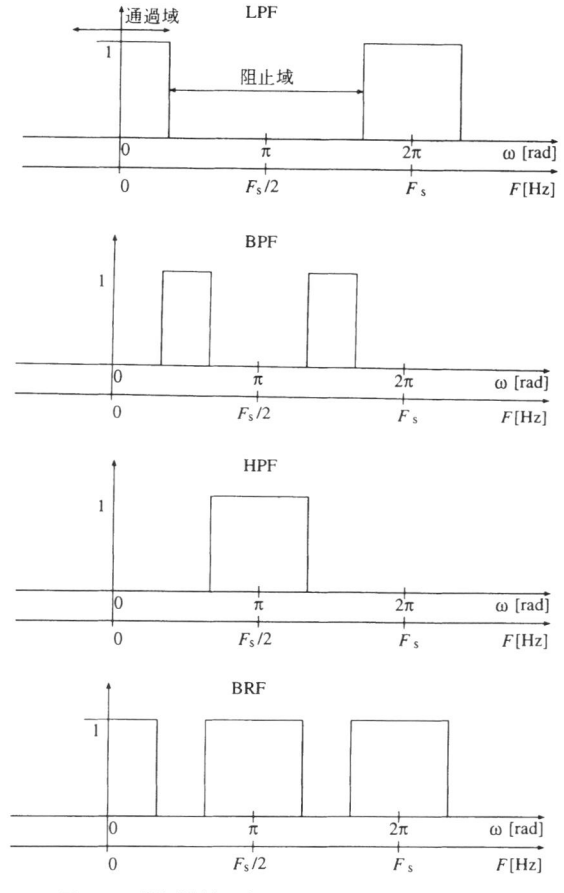

図 6.3 振幅特性によるフィルタの分離

以上の振幅特性は，IIR フィルタと FIR フィルタのどちらでも実現可能である．

(3) **位相特性による分類**

画像処理などへの応用では，振幅特性だけでなく，位相特性$\theta(\omega)$も重要である．そのような応用では，後述するように直線位相特性を持つ必要がある．直線位相特性とは，位相特性を角周波数ωで微分した値

$$n_d = -\frac{d\theta(\omega)}{d\omega} \tag{6.2}$$

が定数となる特性である．これは，位相特性の傾き n_d が一定であることを意味する．また上式の n_d を**群遅延量** (group delay) という．例えば，図6.4の位相特性は直線位相である．このような位相特性は，明らかに

$$\theta(\omega) = -n_d\omega - \theta_0 \tag{6.3}$$

と ω に対して直線的な特性である．ここで，θ_0 は任意の定数である．

直線位相特性を持つディジタルフィルタを，特に**直線位相フィルタ** (linear phase filter) という．この特性の実現には，一般に FIR フィルタを用いる必要がある．

【**例題 6.1**】 例題3.9の3点平均を計算するシステムを，上述に基づき分類せよ．また群遅延量を求めよ．

【**解答**】 FIRフィルタであり，低域通過フィルタであり，直線位相フィルタである．$\theta(\omega) = -\omega$ より，群遅延量 n_d は，$n_d = 1$ である． □

6.2 理想フィルタと実際のフィルタ

図6.3の振幅特性は，厳密には実現することができない．実現可能なフィルタとは何かについて説明しよう．

（1） 理想フィルタ

理想フィルタを説明する．理想フィルタは，振幅特性と位相特性に関して次に示す特徴を持つ．

- □ 通過域の振幅値は一定
- □ 阻止域の振幅値は零
- □ 通過域から阻止域に不連続に変化する
- □ 直線位相特性を持つ．

以上の条件をすべて満たすとき，それを理想フィルタという．すなわち，図6.3のような振幅特性を持ち，図6.4の位相特性を持つフィルタである．振幅特性に関する条件を満たすことができないため，理想フィルタは実現不可能である

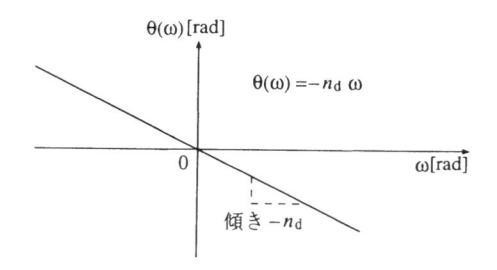

図 6.4　直線位相特性の例

が，理論的な考察を行う場合に重要な役割を果たす．

（2）　実際のフィルタ

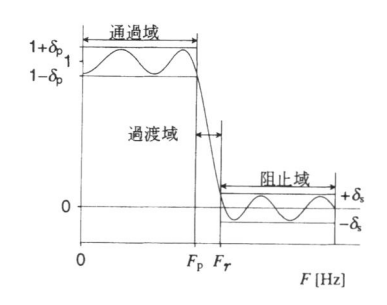

図 6.5　実際のフィルタの振幅特性

図 6.5 の振幅特性を例にして，実際のフィルタ特性を説明する．理想フィルタと以下の点が異なる．

□　通過域の振幅値は一定ではなく，通過域誤差 δ_p を持つ．

□　阻止域の振幅値は零ではなく，阻止域誤差 δ_s を持つ

□　通過域と阻止域の間に，**過渡域** (あるいは遷移域) という帯域を持つ

また，通過域の始まる周波数を**通過域端周波数** F_p，阻止域が始まる周波数を**阻止域端周波数** F_r という．

理想フィルタに近いほど，すなわち通過域誤差，阻止域誤差が小さく，過渡域が狭いほど，高次の伝達関数が必要となり，実現が複雑となる．また，帯域通過フィルタ及び帯域阻止フィルタでは，特性を規定するために，通過域端周波数，阻止域端周波数をそれぞれ 2 つ指定する必要があることを注意しておく．

【例題 6.2】 通過域端周波数 $F_p = 5[\text{kHz}]$，阻止域端周波数 $F_r = 7[\text{kHz}]$，通過域誤差及び阻止域誤差を $\delta_p = \delta_s = 0$ の直流利得 1 の低域通過フィルタを考える．この振幅特性を，周波数 F と正規化角周波数 ω をそれぞれ横軸にして図示せよ．ただし，サンプリング周波数 $F_s = 20[\text{kHz}]$ で動作すると仮定する．

【解答】 $\omega = \Omega T_s = 2\pi F/F_s$ に注意すると，図 6.6 を得る． □

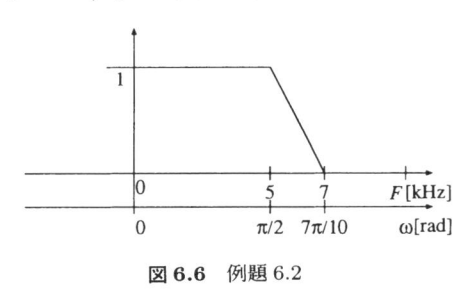

図 6.6　例題 6.2

6.3　直線位相フィルタ

波形伝送や画像処理を行う場合には，直線位相特性を有するフィルタを用いなければならない．ここでは，FIR フィルタにより容易に直線位相フィルタが実現できることを述べよう．

6.3.1　直線位相特性の必要性

図 6.7(c) の点線で表された信号 $y(t)$ を考えよう．この非正弦波信号 $y(t)$ は，同図 (a)(b) の 2 つの正弦波信号 $x_1(t)$ と $x_2(t)$ に分解される．5 章で述べたように，一般に非正弦波信号は，正弦波信号の合成として表現される．また，位相特性とは，正弦波信号を入力した場合の位相 (rad) のずれを表している．

（1）　位相ひずみ

図 6.7 の実線は，2 つの正弦波信号が，フィルタ処理により同じ時間 (sec) だ

6.3 直線位相フィルタ

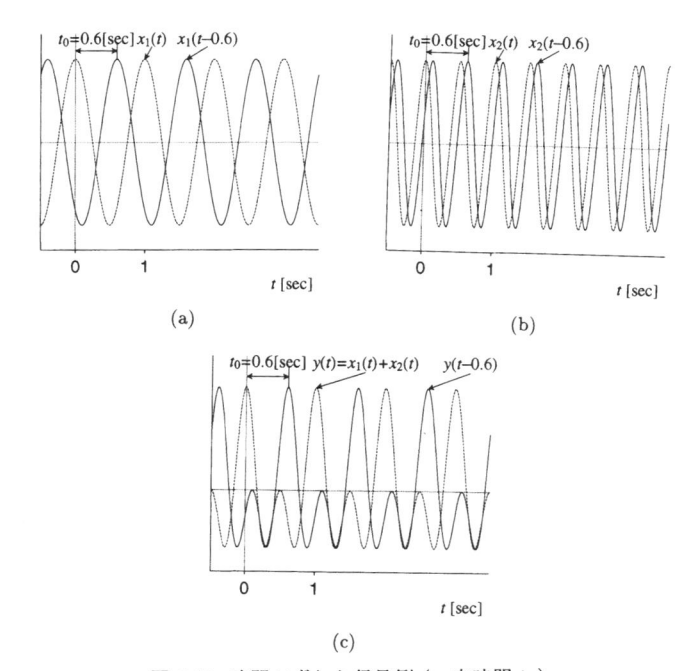

図 6.7 時間がずれた信号例 (一定時間 t_0)

けずれた信号である．一方，図 6.8 は，その条件を満たさず位相がずれた信号である．これらの例から，

- 正弦波のずれの違いにより，合成される信号の形が大きく異なる
- 各正弦波が同じ時間だけずれた場合，合成される信号は，時間シフト以外のひずみは生じない

ことがわかる．図 6.8 の例のように，位相のずれが原因で発生するひずみを**位相ひずみ**という．直線位相特性は，この位相ひずみを回避できる特性である．

（2） 位相ひずみの回避

直線位相特性により，位相ひずみを回避できることを説明する．いま，信号 $x_1(n) = \cos(\omega_1 n)$ を周波数特性 $H(e^{j\omega}) = e^{j\theta(\omega)}$ を持つシステムに入力しよう[†]．このとき，出力信号 $y_1(n)$ は

$$y_1(n) = \cos(\omega_1 n + \theta(\omega_1)) \tag{6.4}$$

[†] 振幅特性 $A(\omega) = 1$ に注意．

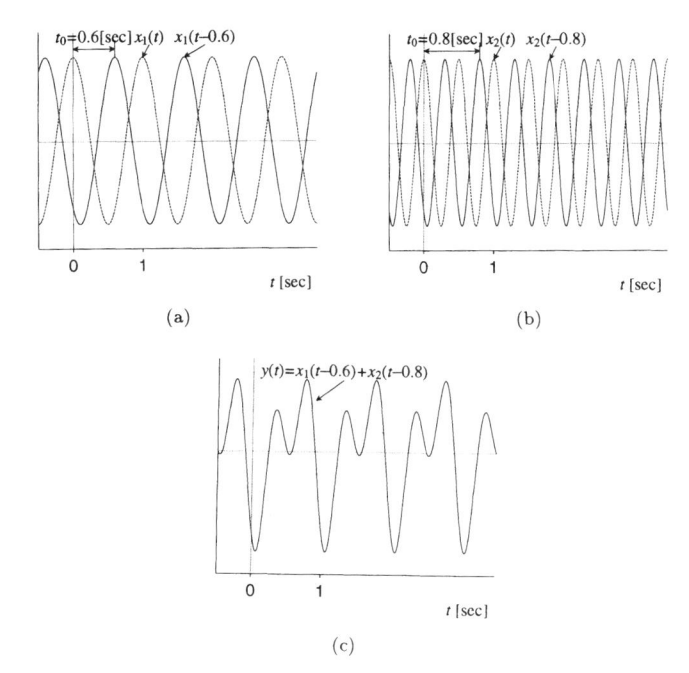

図 **6.8** 時間がずれた信号例 (異なるずれ)

と与えられる．式 (6.3) を上式に代入すると，
$$y_1(n) = \cos(\omega_1 n - n_d \omega_1 - \theta_0) \tag{6.5}$$
となる．

いま，議論を簡単にするために，$\theta(\omega) = -n_d\omega$ を仮定しよう．このとき，上式は
$$\begin{aligned} y_1(n) &= \cos(\omega_1 n - n_d \omega_1) \\ &= \cos(\omega_1(n - n_d)) = x_1(n - n_d) \end{aligned} \tag{6.6}$$
と整理される．上式は，単なる n_d サンプルの時間遅延を意味する．また，この結論は，任意の周波数の正弦波信号に対して成り立つ．ゆえに，正弦波信号の合成として与えられる信号 $y(n)$ は，
$$y(n) = x(n - n_d) \tag{6.7}$$
と単なる入力信号 $x(n)$ の時間遅延したものとなり，位相ひずみは伴わない．

ここで，図 2.2 の平均処理の雑音除去例を再び考えよう．N 点の平均処理は，直線位相特性を持ち，群遅延量 $n_d = (N-1)/2$ を持つ (例題 3.11 参照)．従って，図 2.2 の処理による時間のずれは，$(N-1)/2$ ($N=3$ のとき，$n_d = 1$，$N=9$ で $n_d = 4$) サンプルとなることを確認できる．

【例題 6.3】 式 (6.5) において $\theta(\omega) = -n_d\omega + \pi k$, ($k$:整数) を仮定し，$x_1(n)$ と $y_1(n)$ の関係を導け．

【解答】 このとき，式 (6.5) は
$$y_1(n) = \cos(\omega_1 n - n_d\omega_1 - \pi k)$$
となる．k が偶数の場合，$\cos(\omega_1 n - n_d\omega_1 - 2\pi) = \cos(\omega_1 n - n_d\omega_1)$ から，$y_1(n) = x_1(n - n_d)$ となる．k が奇数の場合には，$\cos(\omega_1 n - n_d\omega_1 - \pi) = -\cos(\omega_1 n - n_d)$ から，$y_1(n) = -x_1(n - n_d)$ となる．ゆえに，両者とも本質的な位相ひずみは生じない．□

6.3.2 直線位相フィルタ

FIR フィルタを用いることにより，直線位相特性を容易に実現できることを述べる．

因果性を満たす FIR フィルタの伝達関数 $H(z)$ は，
$$H(z) = \sum_{n=0}^{N-1} h(n) z^{-n}, \tag{6.8}$$
のように記述できる．ここで，実係数 $h(n)$ はインパルス応答である．また $N-1$ をフィルタの次数，N をタップ数またはインパルス応答の個数という．

(1) インパルス応答の対称性

式 (6.8) の FIR システムが直線位相を持つための必要十分条件は，そのインパルス応答が図 6.9 の 4 つの場合のいずれかの対称性を持つことである．すなわち
- □ 場合 1：個数 N が奇数であり，かつ偶対称 $h(n) = h(N-n-1)$
- □ 場合 2：個数 N が偶数であり，かつ偶対称 $h(n) = h(N-n-1)$
- □ 場合 3：個数 N が奇数であり，かつ奇対称 $h(n) = -h(N-n-1)$

(a) 場合1 (b) 場合2 (c) 場合3 (d) 場合4

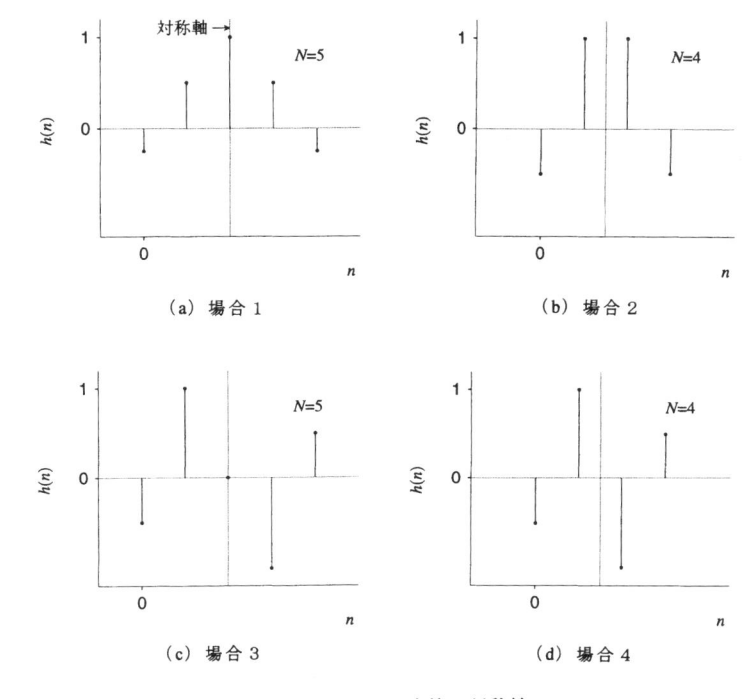

図 6.9 インパルス応答の対称性

□ 場合4：個数 N が偶数であり，かつ奇対称 $h(n) = -h(N-n-1)$

したがって，直線位相フィルタを実現するためには，図 6.9 のいずれかの対称性を持つインパルス応答を使用すればよい

【例題 6.4】 図 6.10 のインパルス応答を持つフィルタの位相特性を判別せよ．

【解答】 (a) 場合1，(b) 直線位相特性ではない，(c) 直線位相特性ではない □

（2） 直線位相フィルタの周波数特性

式 (6.8) の伝達関数を持つ FIR フィルタが直線位相特性を持つとき，その周波数特性

$$H(e^{j\omega}) = A(\omega)e^{j\theta(\omega)} \tag{6.9}$$

6.3 直線位相フィルタ

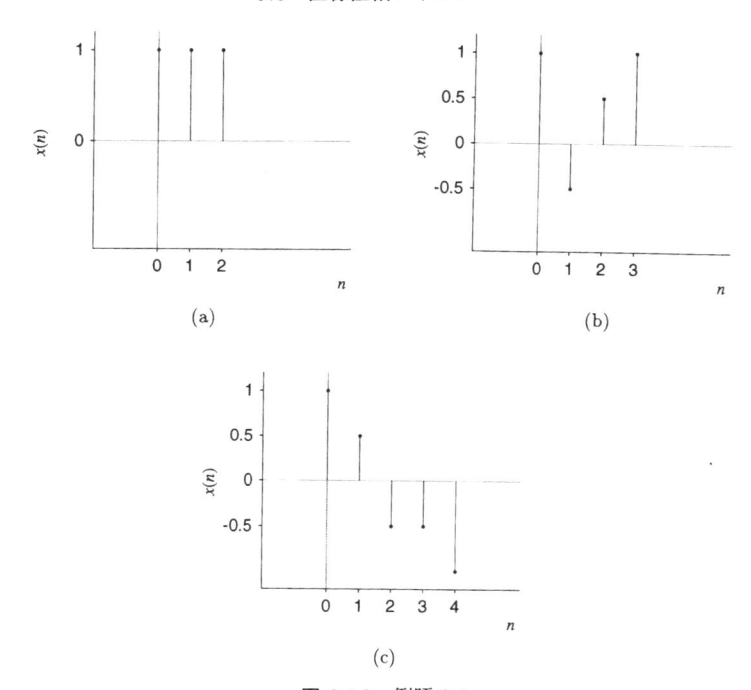

図 6.10 例題 6.4

は，表 6.2に示すように整理される（例題 6.5, 例題 6.6 参照）．ここで，$A(\omega)$ は振幅特性，$\theta(\omega)$ は位相特性である．

表 6.2より，まず位相特性は，インパルス応答の個数 N と対称性のみにより，決定することはわかる．次に述べるように，振幅特性も，インパルス応答の対称性の影響を強く受ける．

【例題 6.5】 場合2の直線位相フィルタ $H(z) = h(0)+h(1)z^{-1}+h(2)z^{-2}+h(3)z^{-3}$ の周波数特性を導け．

【解答】 場合2の条件から，$h(0)=h(3), h(1)=h(2)$ が成立する．ゆえに，$z=e^{j\omega}$ を代入すると

$$\begin{aligned}H(e^{j\omega}) &= h(0) + h(1)e^{-j\omega} + h(2)e^{-j2\omega} + h(3)e^{-j3\omega} \\ &= h(0)(1+e^{-j3\omega}) + h(1)(e^{-j\omega}+e^{-j2\omega}) \\ &= h(0)(e^{j3\omega/2}+e^{-j3\omega/2})e^{-j3\omega/2} + h(1)(e^{j\omega/2}+e^{-j\omega/2})e^{-j3\omega/2}\end{aligned}$$

表 6.2 直線位相フィルタの周波数特性

$h(n)$		N	位相 $\theta(\omega)$	振幅 $A(\omega)$
場合1	偶対称	奇数	$-\omega(N-1)/2$	$\sum_{n=0}^{(N-1)/2} a_n \cos(\omega n)$
場合2		偶数	$-\omega(N-1)/2$	$\sum_{n=1}^{N/2} b_n \cos(\omega(n-1/2))$
場合3	奇対称	奇数	$-\omega(N-1)/2 + \pi/2$	$\sum_{n=1}^{(N-1)/2} a_n \sin(\omega n)$
場合4		偶数	$-\omega(N-1)/2 + \pi/2$	$\sum_{n=1}^{N/2} b_n \sin(\omega(n-1/2))$

ただし，
$$\begin{cases} a_0 = h((N-1)/2), a_n = 2h((N-1)/2 - n), n \neq 0 \\ b_n = 2h(N/2 - n) \end{cases}$$

$$= (2h(0)\cos(3\omega/2) + 2h(1)\cos(\omega/2))e^{-j3\omega/2} \tag{6.10}$$

を得る．ゆえに，振幅特性と位相特性は

$$A(\omega) = 2h(0)\cos(3\omega/2) + 2h(1)\cos(\omega/2), \theta(\omega) = -(3\omega/2) \tag{6.11}$$

となる．この例は，表 6.2 の場合 2 で $N = 4$, $b_1 = 2h((N/2 - 1)) = 2h(1)$, $b_2 = 2h(N/2 - 2) = 2h(0)$ とおいた場合に相当する．　　□

(3) 振幅特性の制約

直線位相フィルタを使用する場合に大切な振幅特性の制約を紹介しよう．直線位相フィルタの振幅特性は，インパルス応答の対称性により図 6.11 のような制約を受ける．すなわち

- 場合1：$\omega = \pi$ で偶対称な特性を持ち，低域通過フィルタ (LPF)，帯域通過フィルタ (BPF)，および高域通過フィルタ (HPF) をすべて設計できる．
- 場合2：奇対称な振幅特性を有するため，HPF を設計できない．
- 場合3：振幅特性が奇対称でかつ $\omega = 0$ で零値であるので，LPF および HPF を設計できない．
- 場合4：振幅特性が $\omega = 0$ で零値であるため，LPF を設計できない．

6.3 直線位相フィルタ

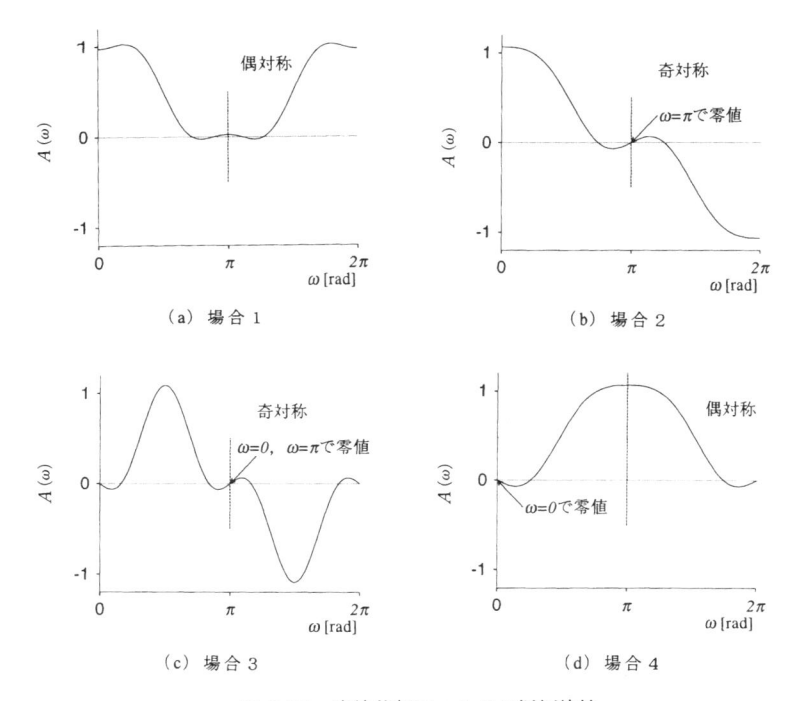

(a) 場合1

(b) 場合2

(c) 場合3

(d) 場合4

図 6.11 直線位相フィルタの振幅特性

例題 6.5 を再び考えよう．これは，場合 2 である．$\omega = \pi$ を代入すると，$A(\omega) = 0$ となる．したがって，$\omega = \pi$ に通過域を持つことができず，HPF を場合 2 でつくることができないことがわかる．

【例題 6.6】 場合 3 の直線位相フィルタ $H(z) = h(0) + h(1)z^{-1} + h(2)z^{-2}$ の周波数特性を導け．

【解答】 場合 3 の条件から，$h(0) = -h(2)$，$h(1) = 0$ が成立する．ゆえに，$z = e^{j\omega}$ を代入すると

$$\begin{aligned}
H(e^{j\omega}) &= h(0) + h(1)e^{-j\omega} + h(2)e^{-j2\omega} \\
&= h(0)(1 - e^{-j2\omega}) = h(0)(e^{j\omega} - e^{-j\omega})e^{-j\omega} \\
&= 2jh(0)\sin(\omega)e^{-j\omega} = 2h(0)\sin(\omega)e^{-j(\omega - \pi/2)}
\end{aligned}$$

を得る．ここで，$j = e^{j\pi/2}$ の関係を用いた．ゆえに，振幅特性と位相特性は
$$A(\omega) = 2h(0)\sin(\omega), \theta(\omega) = -(\omega - \pi/2)$$
となる．この例は，表 6.2 の場合 3 で $N=3$，$a_1 = 2h((N-1)/2-1) = 2h(0)$ とおいた場合に相当する．また，$\omega = 0$ と $\omega = \pi$ の場合に，$A(\omega) = 0$ となり，HPF と LPF が実現できないことがわかる． □

6.3.3　窓関数による FIR フィルタの設計

フィルタを実際に使用する場合，所望の周波数特性を持つ伝達関数を決定しなければならない．ここでは，**窓関数法**と呼ばれる直線位相特性を持つ FIR フィルタの伝達関数の設計法を簡単に紹介する．

以下では，式 (6.8) の伝達関数の決め方，すなわちインパルス応答 $h(n)$ の決定法を述べる．窓関数法と呼ばれるこの方法は，以下の手順で実行される．フィルタの周波数特性 $H(e^{j\omega})$ は，インパルス応答 $h(n)$ の離散時間フーリエ変換であることに着目する (図 3.14 参照)．

手順 1．所望の振幅特性を決める．

例えば，図 6.12(a) の振幅特性を実現するとしよう．

手順 2．インパルス応答を求める．

図 6.12(a) を逆離散時間フーリエ変換し，所望の振幅特性に対応するインパルス応答 $h_d(n)$ を求める (図 6.12(b))．しかし，$h_d(n)$ は一般に非常に長く，直接使用することはできない．

手順 3．N 点の窓関数 $w(n)$ を掛け，有限な範囲で切り出す．

直線位相特性を持つように，インパルス応答の対称性を考慮して，図 6.12(c) のように切り出す．しかし，このフィルタは，負の時間でインパルス応答を持つので，因果性を満たしていない．

手順 4．因果性を満たすように，インパルス応答を時間シフトする．

図 6.12(d) を得る．このインパルス応答を伝達関数の係数 $h(n)$ として使用する．図 6.12(e) は，このインパルス応答を持つフィルタの振幅特性を再び計算したものである．同図 (a) に近い特性が得られることがわかる．当然，使用する窓関数の種類，窓関数の長さ N (インパルス応答の個数) により，実現される振幅特性が異なる (例題参照)．

6.3 直線位相フィルタ

(a) 所望の特性

(b) インパルス応答

(c) 切り出されたインパルス応答

(d) シフトされたインパルス応答

(e) 実現された特性

図 6.12　窓関数法

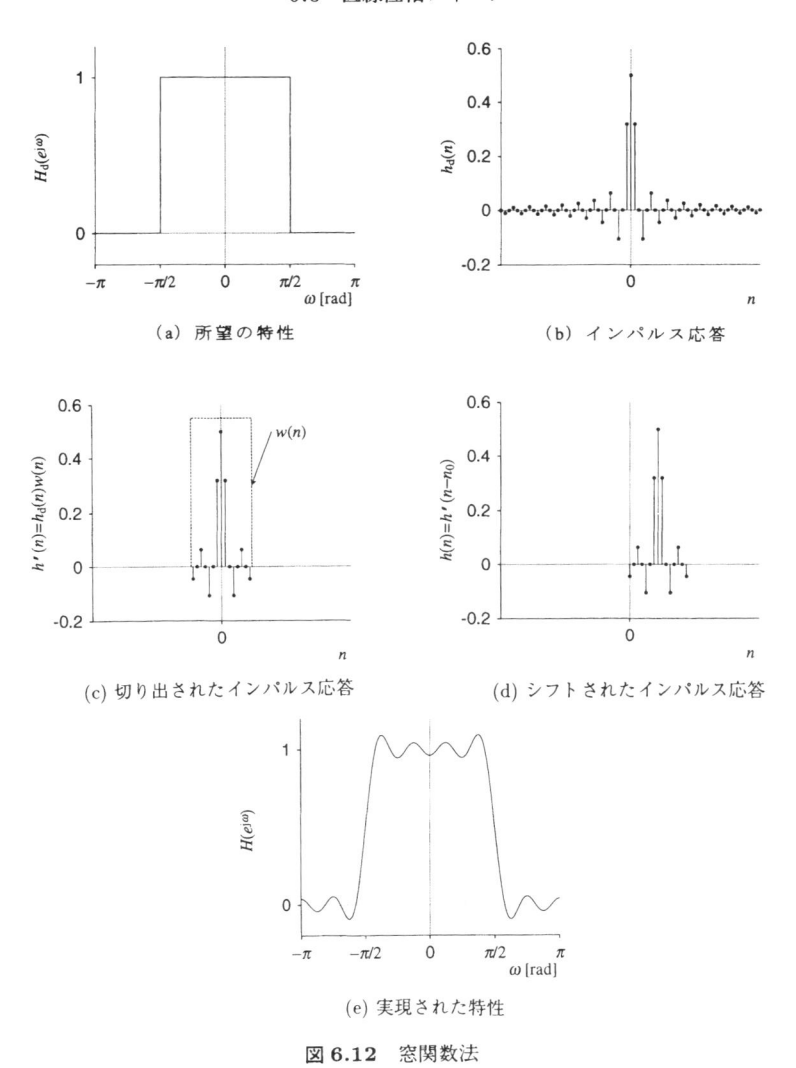

【例題 6.7】　図 6.12(b) のインパルス応答を窓関数の長さ，種類を変えて打ち切り，実現される振幅特性の違いを調べよ．

【解答】　図 6.13 の結果を得る．前章で述べたように，窓関数はメインローブとサイドロー

(a) 方形窓 ($N = 63$)

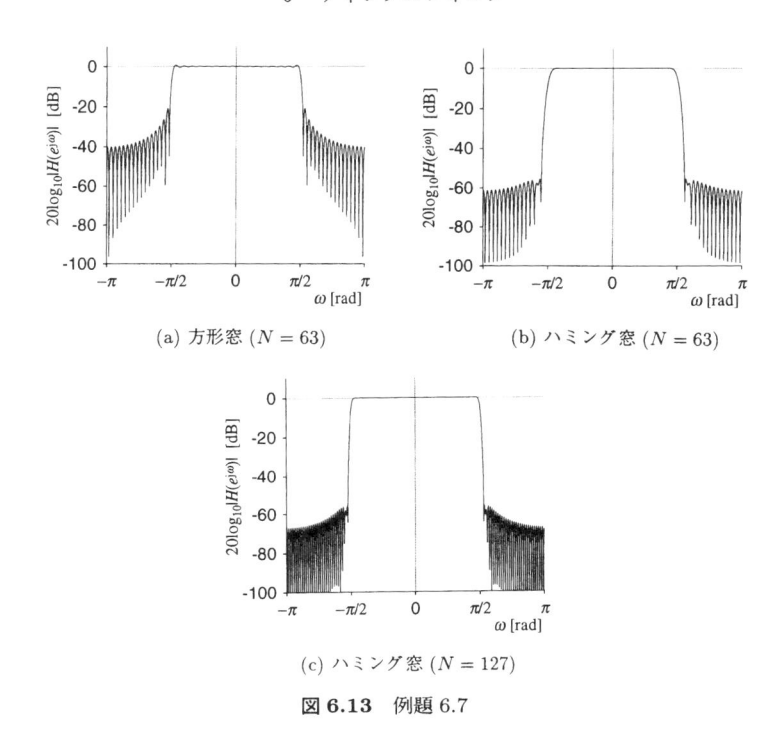

(b) ハミング窓 ($N = 63$)

(c) ハミング窓 ($N = 127$)

図 6.13 例題 6.7

ブの特性が重要である．フィルタの設計において，メインローブの急峻さは遷移帯域の急峻さを，サイドローブが阻止域誤差を決定することがわかる． □

6.4 ディジタルフィルタの構成法

ディジタルフィルタのハードウェア構成には，種々の方法がある．ここでは，代表的な構成法を説明する．本章で説明しているディジタルフィルタは，線形時不変システムであるので，先に述べた構成法と一部重複する．

（1） FIR フィルタ

式 (6.8) の伝達関数を考える．この伝達関数は，$N = 4$ を例にすると，図 6.14(a) または (b) のように構成される．(a) の構成を**直接型構成**，(b) の構成を**転置型構成**という．両者の違いは遅延器 z^{-1} の位置であるが，同じ入出力関係を持つことを容易に確認できる．

6.4 ディジタルフィルタの構成法

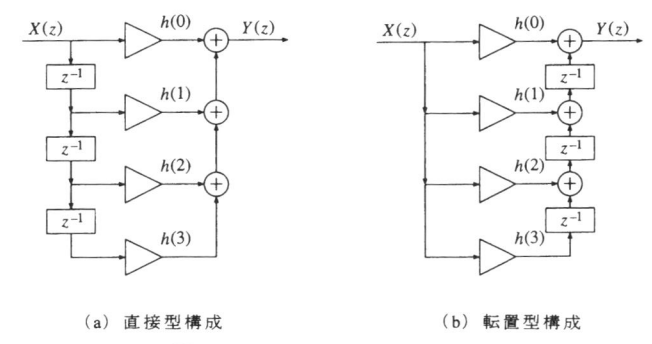

(a) 直接型構成　　　　　(b) 転置型構成

図 6.14　FIR フィルタの構成法

また，FIR フィルタが直線位相特性を持つ場合，そのインパルス応答は対称性を持つ．したがって，約半分の乗算値は同じ値となるので，実現の際に，乗算器の数を約半分に低減することができる (例題 6.8 参照).

【例題 6.8】 伝達関数 $H(z) = a + bz^{-1} - bz^{-2} - az^{-3}$ を 2 個の乗算器を用いて構成せよ．ただし，a 及び b は任意の実数である．

【解答】 これは場合 4 の直線位相フィルタである．図 6.15 の構成を得る．　　□

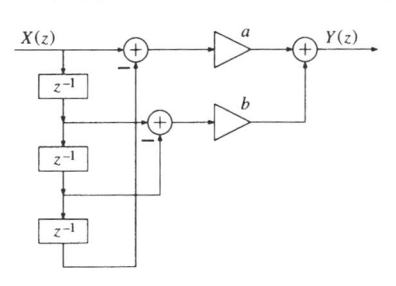

図 6.15　例題 6.8

(2) IIR フィルタ

IIR フィルタの伝達関数

$$H(z) = \frac{\displaystyle\sum_{k=0}^{M} a_k z^{-k}}{1 + \displaystyle\sum_{k=1}^{N} b_k z^{-k}} \tag{6.12}$$

を考える．この伝達関数は，図 6.16 のいずれの構成を用いてもよい ($M = N = 3$ の場合)．同図 (a) の構成を IIR フィルタの**直接型構成-I**，(b) を IIR フィルタの**直接型構成-II**，(c) を IIR フィルタの**転置型構成**という．

直接型構成-I と直接型構成-II は，同じ特性を持つフィルタであることを説明しよう．式 (6.12) の伝達関数を $H(z) = N(z)/D(z)$ と分母，分子の z 多項式をわけて表現しよう．このとき，

$$\begin{aligned} H(z) &= N(z)(1/D(z)) \\ &= (1/D(z))N(z) \end{aligned} \tag{6.13}$$

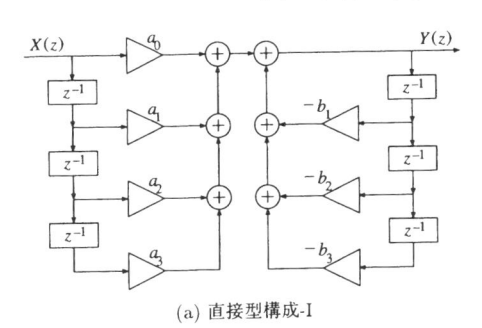

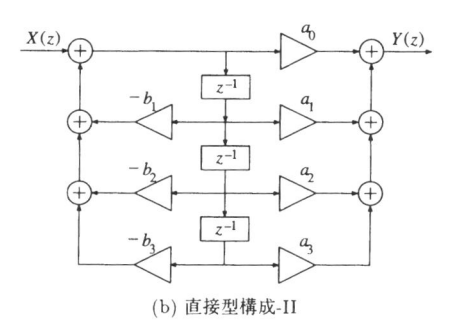

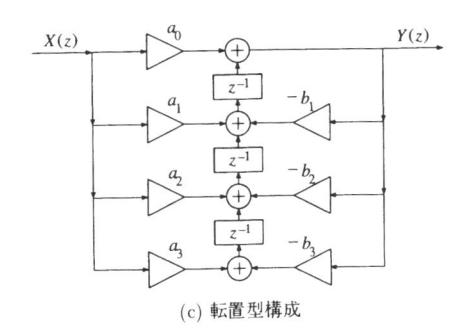

(a) 直接型構成-I

(b) 直接型構成-II

(c) 転置型構成

図 6.16 IIR フィルタの直接型構成

を得る．上式は，図 6.17 に示すように，$H(z)$ を $H_1(z) = N(z)$ と $H_2(z) = 1/D(z)$ の 2 つのフィルタの縦続型構成であると解釈でき，しかもその順番を入れ換えることができる (3.5 参照) ことを意味する．その結果，2 つのフィルタは遅延器を共通に使用でき，遅延器の個数を低減することが可能となる．この理由から，直接型構成-II は，直接型構成-I に比べ，より広く使用されている．

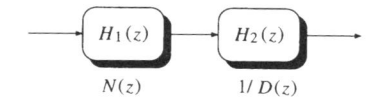

図 6.17 直接型構成-II の補足

図 6.16(c) の転置型構成は，FIR フィルタの転置型構成と同様に，遅延器の位置を移動したものである．その結果，遅延器を共通に使用することが可能となり，遅延器の個数を低減することができる．

（3） IIR フィルタの縦続型構成

高次の IIR フィルタを実際に使用する場合には，次に述べる縦続型構成が最も広く用いられている．

式 (6.12) の伝達関数を 2 次の伝達関数で因数分解する．すなわち

$$H(z) = H_0 \prod_{k=1}^{L} \frac{a_{0k} + a_{1k}z^{-1} + a_{2k}z^{-2}}{1 + b_{1k}z^{-1} + b_{2k}z^{-2}} \tag{6.14}$$

と表現する．ただし，H_0 は定数であり，L は整数であり，例えば式 (6.12) において，$M = N = 5$ なら $L = (N+1)/2 = 3$，$M = N = 6$ なら $L = N/2 = 3$ である．

式 (6.14) の表現は，図 6.18 に示すように，2 次の伝達関数の縦続型構成として高次の伝達関数を実現できることを意味する．したがって，伝達関数の次数にかかわらず，常に 2 次の伝達関数の組み合わせとしてフィルタを実現することができる．2 次を最低次数として因数分解する理由は，実係数を一般的に維持できる最低次数が 2 次だからである．各 2 次の伝達関数は，図 6.16 を用いて実現することができる．

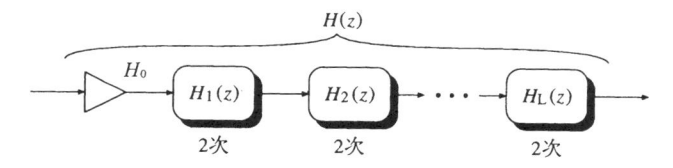

図 6.18　IIRフィルタの縦続型構成

　伝達関数を部分分数展開し，低次の伝達関数の和の形式で高次の伝達関数を表現することもできる．この表現は，並列型構成を与える．詳細は省略する．

【例題 6.9】 3次の伝達関数 $H(z) = (1 - z^{-1} + 2z^{-2})(1 - z^{-1})/\{(1 + z^{-1} + z^{-2})(1 - 0.5z^{-1})\}$ を縦続型構成せよ．ただし，各因数は転置型構成を用いるとする．

【解答】 図 6.19 を得る．この伝達関数は奇数次であるので，1次の因数を含む．2次の因数をさらに 1次に因数分解すると，複素係数が必要になることを確認できる．　　□

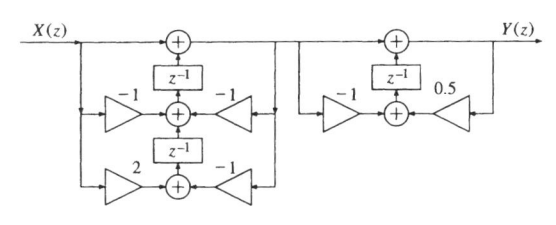

図 6.19　例題 6.9

演 習 問 題

(1) 通過域端周波数 $F_{p1}=5$[kHz], $F_{p2}=10$[kHz], 阻止域端周波数 $F_{r1}=2$[kHz], $F_{r2}=12$[kHz], 通過域誤差及び阻止域誤差を $\delta_p = \delta_s = 0$ の帯域通過フィルタを考える．この振幅特性を，周波数 F と正規化角周波数 ω をそれぞれ横軸にして図示せよ．ただし，サンプリング周波数 $F_s = 40$[kHz] で動作すると仮定する．

(2) 図 6.20 のインパルス応答を持つ FIR フィルタを考える．このフィルタは直線位相フィ

演 習 問 題　　　　　139

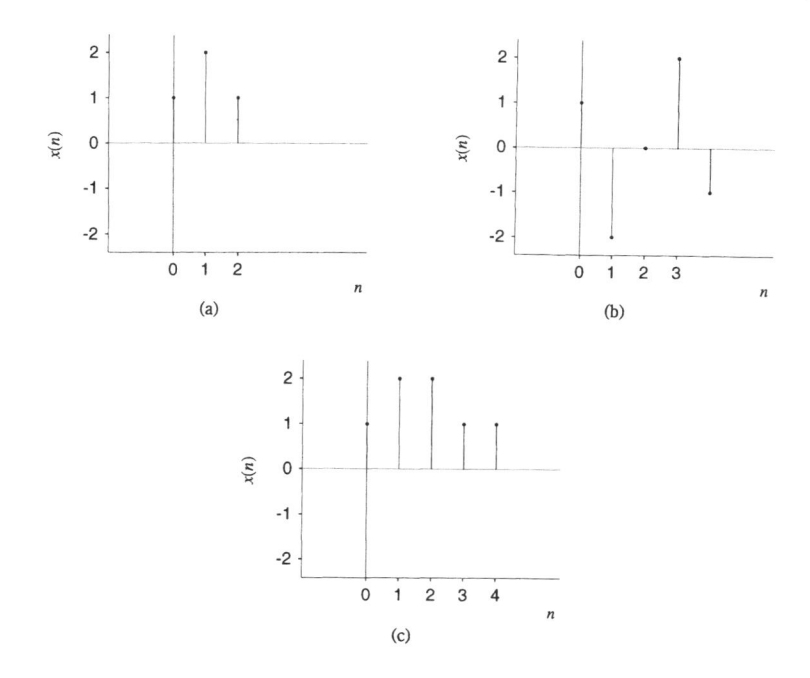

図 6.20　演習問題 (2) の説明

ルタかどうか，もし直線位相フィルタならインパルス応答の場合を示せ．

(3) 図 6.20(a) の周波数特性を計算し，振幅特性，位相特性，群遅延をそれぞれ求めよ．

(4) 伝達関数 $H(z) = 2 - 3z^{-1} + z^{-2} - 4z^{-3}$ を直接型構成，転置型構成でそれぞれ構成せよ．

(5) $H(z) = (2 + 3z^{-1})/(1 + 2z^{-1} - z^{-2})$ を直接型構成-II, 転置型構成でそれぞれ構成せよ．

(6) 線形時不変なフィルタ $y(n) = x(n) - 2x(n-1) - 0.5y(n-1)$ を考える．以下の問いに答えよ．

　(a)　IIR フィルタか，FIR フィルタかを示せ．

　(b)　伝達関数を求めよ．

　(c)　フィルタの安定性を判別せよ．

7 ディジタル画像の表現

ディジタル信号処理の重要な応用分野に画像処理がある．本章と次章では，画像処理の基礎を与える．前章までの話題が，画像処理の理解にも重要な役割を果たす．本章では，ディジタル画像の表現と画像の周波数解析を説明する．

7.1 画像信号の表現

まず，画像処理を理解するために必要なディジタル画像の表現を説明しよう．

7.1.1 画像の分類

画像には種々の種類があり，その表現や処理方法が異なる．厳密な定義は後で行うこととし，具体的な画像のイメージを持つために，まず画像を簡単に分類しておく．

（1） 表示条件による分類

□ 白黒画像，カラー画像

明暗の情報のみを持つ画像を，**白黒画像** (monochrome picture) または濃淡画像 (glay-scale picture) という．また，色の情報を持つ画像をカラー画像 (color picture) という．

□ 静止画像，動画像

時間的に変化しない画像を**静止画像** (still pictute)，時間的に変化する画像を**動画像** (moving picture) という．例えば，テレビやビデオの映像は動画像である．

□ 2値画像，中間階調画像，自然階調画像

画像の**階調** (tone) の大小による分類である．白と黒の 2 階調を持つ画像を **2 値画像**，256 階調以上の自然な連続した階調の画像を**自然階調画像**，それらの中間の階調を持つ画像を**中間階調画像**という．ファクシミリでは，通常 2 値画像を扱う．

【 例題 7.1】 階調の異なる画像例を示せ．

【解答】 図 7.1 に階調の異なる画像例を示す．階調が少ないと，画像の自然さが失われることがわかる．また，同じ階調でも (図 (c)(d))，画質が異なることもわかる．これは，2 値画像を生成する際の画像処理の違いによる．

□

（2） 処理手法による分類

代表的な画像処理の目的を次に示す．

- 画像圧縮

  画像情報を表すためのデータ量は，音声などと比べると，通常膨大となる．画像情報の偏りを利用して，このデータ量を削減する技術が画像圧縮である．画像通信や画像をメモリに記憶する際に不可欠な技術である．

- 画質改善

  画質改善とは，ひずみや雑音によりダメージを受けた画像の画質を改善する技術である．

- 画像解析

  画像解析は，与えられた画像の構造を分析して，その特徴を抽出し処理を行う技術である．これは，しばしば画像の認識・理解とも呼ばれる．この技術は，さらに細分化され，エッジ・線検出，領域わけ，マッチングなどの技術を含む．

7.1.2 ディジタル画像信号

ディジタル画像信号の表現法を説明する．静止画像と動画像の違い，信号の正規化表現を理解してほしい．

142   7　ディジタル画像の表現

(a)　8ビット

(b)　2ビット

(c)　1ビット

(d)　1ビット

図 7.1　階調の異なる画像の例

（1）　信号の次元

　音声信号は **1 次元信号**，静止画像は **2 次元信号**，動画像は **3 次元信号**といわれる．そこでまず最初に，この信号の次元について説明しよう．

　信号 $f(t)$ という表現は，時間 t により値が変化するようすを表す．これは，図 7.2(a) のように図的に表現することもできる．また，ある時刻 t_0 を規定すると，対応する値 $f(t_0)$ が一意的に決まると考える．以上のことは，$f(t)$ が時間 t の 1 変数関数であることを単に意味する．このように，その値が 1 変数関

7.1 画像信号の表現　　　143

(a) 1次元信号

(b) 2次元信号 (静止画像)

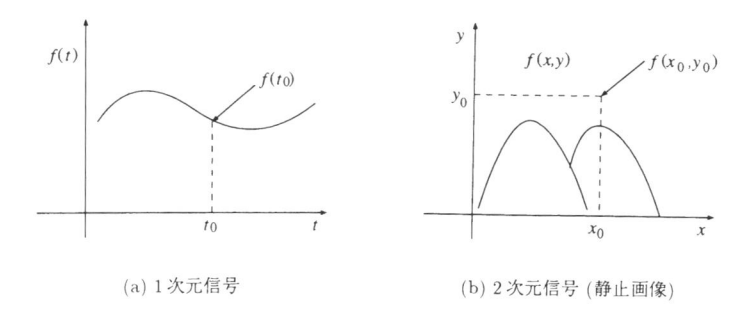

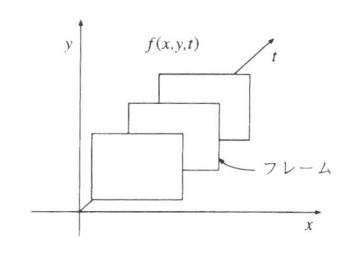

(c) 3次元信号 (動画像)

図 7.2　信号の次元

数として表現できる信号を1次元信号という．

一方静止画像は，図 7.2(b) のように，場所 x, y の関数 $f(x, y)$ として表現される．このとき，信号値 $f(x, y)$ は輝度値に相当し，各場所の明るさの情報を持つ．したがって，x, y の2変数関数である $f(x, y)$ を2次元信号という．

次に，同図 (c) の動画像を考えよう．動画像では，時間的に連続する動きを，**フレーム** (frame) と呼ばれる多数の2次元信号を時間的に切り換えて表現する．したがって，2次元信号が時間 t と共に変化するものとして表現されるので，動画像を $f(x, y, t)$ と記述する．これは3次元信号である．

（2） サンプリング

ディジタル画像信号は，アナログ信号をサンプリングし，さらに量子化した信号が対応する．静止画像を例にしよう．まずサンプリングにより，図 7.3 に示すように，**画素** (pixel) と呼ばれる点の集まりとして，ディジタル画像は表現される．

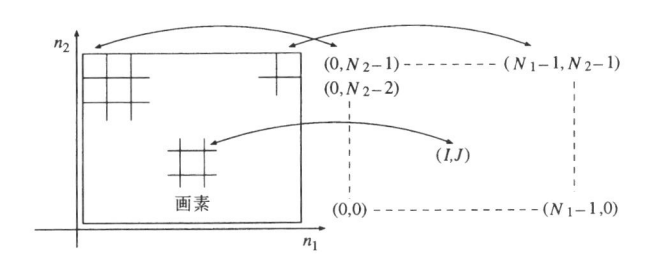

図 7.3 サイズ $N_2 \times N_1$ の画像 $f(n_1, n_2)$

　動画像のサンプリングは，各フレームにおいてこの画素を生成するためのサンプリングの他に，時間方向のサンプリングが必要である．フレームによる表現が，すでに時間方向のサンプリングを意味する．サンプリングされた画像は，静止画像では $f(n_1, n_2)$，動画像 $f(n_1, n_2, n_3)$ のように整数 n_1，n_2，n_3 を用いて表現される．ただし，これは先に述べた正規化表現に相当することに注意する．

　ディジタル画像を表現する際に，しばしばサイズ 600×500 のような記述を用いる．これは，画像の縦と横の画素数を表している．画素数が多いほど，細部まで細かく画像を表すことができ，この画素数を**解像度**ともいう．一方，時間方向のサンプリングの細かさは，30 フレーム/sec のように，1 秒間あたりのフレーム数を用いて表現する．

（3） **量 子 化**

　ディジタル画像の各画素は，量子化され，有限なビット数で表現されなければならない．多くの画像では，8 ビットにより各画素を表す．8 ビットでは，$2^8 = 256$ 種類の値を表現可能である．

　図 7.4 に示すように，白から黒までを 0 から 255 までの整数値に対応させ，256 種類の輝度の違いを表現する．この輝度の違いを**階調**という．8 ビットでは，256 階調の画像を，1 ビットでは $2^1 = 2$ 階調の画像を表現可能である．

【**例題 7.2**】　サイズ 720×480 で 30 フレーム/sec の動画像を考える．1 秒間のデータ量を求めよ．ただし，各画素は 8 ビットとする．

7.1 画像信号の表現

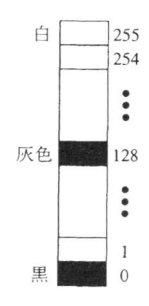

図 7.4 画素値と輝度値の関係 (256 階調)

【解答】 $720 \times 480 \times 30 \times 8 = 82,944,000$ ビット/sec となる． □

7.1.3 カラー画像

ここまでは，各誤差が単に輝度情報を持つ白黒画像に話題を限定してきた．次に，カラー画像を考えよう．

（1） *RGB*

カラー画像は，赤 (red)，緑 (green)，青 (blue) の 3 原色 (*RGB*) を用いて表すことができる．したがって，カラー画像は，R, G, B の信号に対応する 3 枚の画像に分離される．

カラー画像信号に対する種々の処理の実行は，これら 3 枚の画像にそれぞれ処理を実行し，その後再び合成することにより行われる．3 枚の各画像の画素がそれぞれ 8 ビットで与えられるとき，その画像を**フルカラー画像**という．

【例題 7.3】 R,G,B の各画素値を 2 ビットで表すとき，この画像が何色まで表現できるかを示せ．

【解答】 $4 \times 4 \times 4 = 64$ 色である． □

【例題 7.4】 サイズ 720×480 で 30 フレーム/sec のフルカラーの動画像を考える．1 秒間のデータ量を求めよ．

【解答】 $720 \times 480 \times 30 \times 8 \times 3 = 248,832,000$ ビット/sec となる．　□

（2） YIQ

カラー画像を表現するのに，R，G，B の 3 原色を必ずしも使用する必要はない．当然，それらの信号と変換，逆変換の関係にある他の信号表現を用いてもよい．

日本とアメリカのテレビジョン方式である NTSC(National Television System Committee) 方式では，画像の輝度信号 Y と色差信号 I，Q を用いて，画像情報を伝送する．これらの値は，それぞれ R，G，B と以下の関係にある．

$$\begin{bmatrix} Y \\ I \\ Q \end{bmatrix} = \begin{bmatrix} 0.30 & 0.59 & 0.11 \\ 0.60 & -0.28 & -0.32 \\ 0.21 & -0.52 & 0.31 \end{bmatrix} \begin{bmatrix} R \\ G \\ B \end{bmatrix} \quad (7.1)$$

また逆の関係として

$$\begin{bmatrix} R \\ G \\ B \end{bmatrix} = \begin{bmatrix} 1 & 0.96 & 0.62 \\ 1 & -0.27 & -0.65 \\ 1 & -1.10 & 1.70 \end{bmatrix} \begin{bmatrix} Y \\ I \\ Q \end{bmatrix} \quad (7.2)$$

を得る．

式 (7.1) によって，R，G，B の各値から Y，I，Q を決定できる．また，式 (7.2) により，Y，I，Q を R，G，B に戻すことができる．式 (7.1) の関係は，さらに RGB で与えられたカラー画像を白黒画像に，すなわち輝度信号 Y に変換する方法も含んでいる．

（3） YC_bC_r

カラー画像を圧縮する際には，Y，C_b，C_r という 3 つの信号によりカラー画像を表現している．多少表現に自由度があるが，静止画像の圧縮では，RGB と，

$$\begin{bmatrix} Y \\ C_b \\ C_r \end{bmatrix} = \begin{bmatrix} 0.30 & 0.59 & 0.11 \\ -0.17 & -0.33 & 0.5 \\ 0.5 & -0.42 & -0.08 \end{bmatrix} \begin{bmatrix} R \\ G \\ B \end{bmatrix} + \begin{bmatrix} 0 \\ 128 \\ 128 \end{bmatrix} \quad (7.3)$$

と関係する信号を用いる．また，逆の関係として

$$\begin{bmatrix} R \\ G \\ B \end{bmatrix} = \begin{bmatrix} 1 & 0 & 1.4 \\ 1 & -0.34 & -0.71 \\ 1 & 1.77 & 0 \end{bmatrix} \begin{bmatrix} Y \\ C_b - 128 \\ C_r - 128 \end{bmatrix} \qquad (7.4)$$

にある．

この C_b と C_r も，一種の色差信号である．画像処理において，RGB を用いるか，他の表現を用いるかに本質的な差はない．しかし，人間の目の視覚特性が，輝度信号に比べ，色差信号に対して鈍いことが知られている．実際の処理では，この特徴を利用して，色差信号のデータ量を削減したり，処理を簡単化したりすることがある．このような処理は，RGB 表現では直接行うことはできない．

7.2 簡単な画像処理

画像の表現を理解するために，簡単な画像処理例を紹介しよう．他の複雑な画像処理を行う場合には，以下で述べる方法を組み合わせて用いることが多い．

7.2.1 画像の濃度補正

画像を視覚的によりはっきりわかるようにすることを**画像の強調** (image enhancement) という．画像の強調には種々の種類があるが，ここでは，画像の濃度補正という立場からそれを説明する．

（1） ヒストグラム

図 7.5(a) のサイズ 4×4 の画像を考えよう．各値は画素値を意味する．この画像に対して，図 7.5(b) のヒストグラムを作成することができる．すなわち，画素値を横軸にとり，その画素値を持つ画素数を縦軸に描くものである．

ヒストグラムにより，画像の濃度分布，すなわち画素値の分布を容易に知ることができる．図 7.6(a) の画像に対してヒストグラムを求めたのが図 7.7(a) である．画像の濃度補正とは，このヒストグラムの補正である．

（2） 定数の加減算

図 7.6(a) の各画素値に 40 を加算したのが図 7.6(b)，また各画素値から 40 を減算したのが図 7.6(c) である．この処理により，画像の明るさが変わること

148   7 ディジタル画像の表現

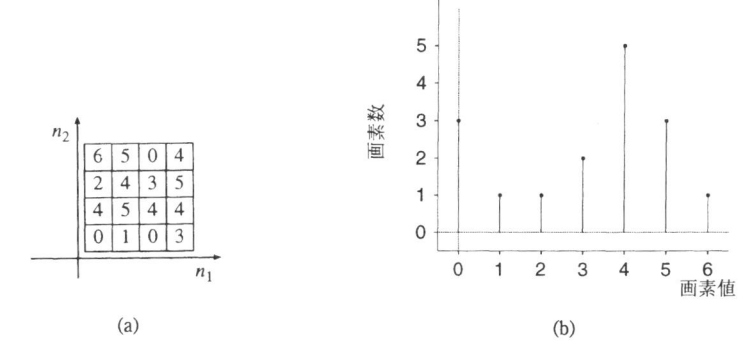

(a)   (b)

図 7.5 ヒストグラム

(a) 原画像   (b) +40

(c) −40

図 7.6 定数の加減算

がわかる．この結果は，ヒストグラムを計算した図7.7からもわかる．

ただし，以上の処理により，画素値が255を越える場合や負の値となる場合があることに注意する．一般に，前者に対しては255に，後者に対しては0値に固定して処理を行う．

画素値にある定数を加算あるいは減算したが，ある定数を掛けても，同様に画像を変えることができる．

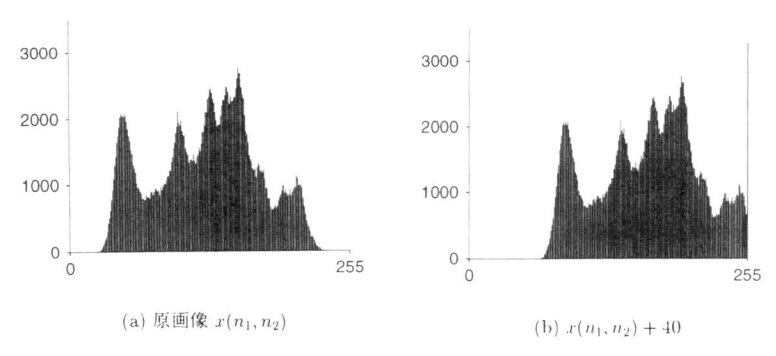

(a) 原画像 $x(n_1, n_2)$

(b) $x(n_1, n_2) + 40$

図 7.7　図7.6の画像のヒストグラム

(3) 　ネガポジ変換と濃度補正特性

いま，補正前の画像を $f(n_1, n_2)$，補正後の画像を $g(n_1, n_2)$ と表す．図7.8(a)の濃度補正を考えよう．これは，255を0に，0を255にというように黒と白の関係の逆転を意味する．このような処理を濃淡反転やネガポジ変換という．

これ以外にも，図7.8に示すように，種々の濃度補正特性を考えることができる．対象とする画像の性質に応じて，適当な濃度補正を行うことにより，画像は目的にあった濃度を持つことができる．

7.2.2　画像の階調変換

画素値が8ビットにより表現されるとき，その画像は256階調を持つことができる．しかし，階調が多いほど，画像のデータ量は多くなる．したがって，画像の処理や記憶の際に，データ量を削減するために，画像の階調を低減することが行われる．ここでは，固定しきい値法と呼ばれる階調低減法を説明する．

図7.8(b)の濃度補正特性を考えよう．この特性は，0から255までの256種

(a) ネガポジ

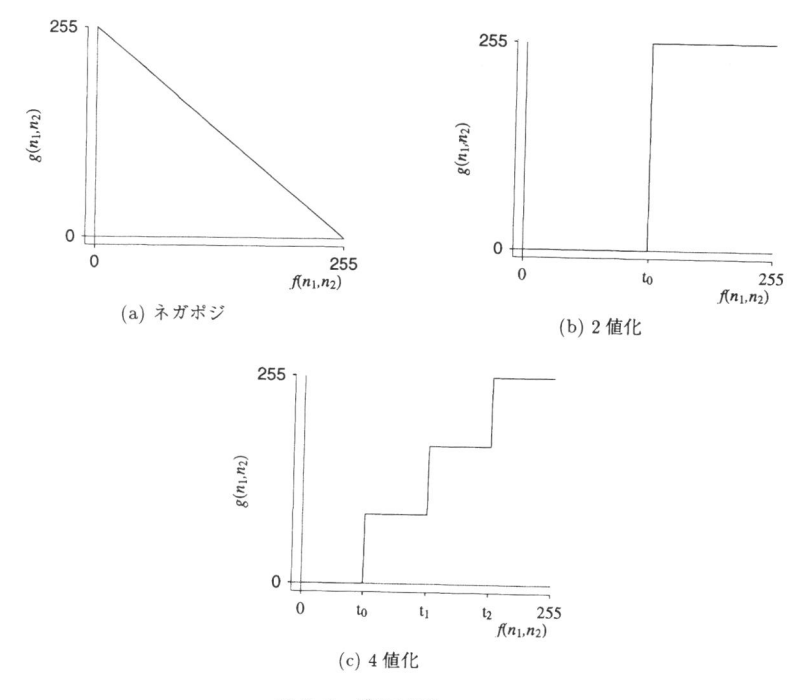

(b) 2値化

(c) 4値化

図 7.8　濃度補正

類の値 (8 ビット) を，0 と 255 の 2 種類の値 (1 ビット) に変換することを意味する．0 にするか，255 にするかは，t_0 より大きいかどうかにより判定される．この t_0 をしきい値，このような階調低減法を**固定しきい値法**という．

図 7.1(c) は，図 7.8(b) の特性に基づき処理された 2 階調の画像 (2 値画像) である．しきい値 t_0 の選び方には自由度があり，画像の性質や 2 値化の目的により適切に選ばなければならない．

次に，図 7.8(c) の濃度補正特性を考えよう．この特性は，3 つのしきい値を持ち，2 ビット (4 階調) の画像を生成することができる．図 7.1(b) は，この特性に基づいて処理し，得られた画像である．このように，所望の階調を持つ画像を，しきい値を決めることにより，容易に得ることができる．

7.2.3　画像の拡大

画像処理では，しばしば画像の一部を切り出し，その画像を拡大したいこと

7.2 簡単な画像処理

がある．ここでは，**零次ホールド法**と呼ばれる画像拡大法を説明する．

図 7.9(a) の 3×3 画像を例にして考えよう．この画像の縦横を 2 倍に拡大する．2 倍に拡大するには，画素数を増やし，6×6 の画素を決めなければならない．図 7.9(b) に示すように，同じ画素値をその画素のまわりに配置し，画素数を増やす方法が，単純な方法として広く使用されている．この方法を零次ホールド法という．

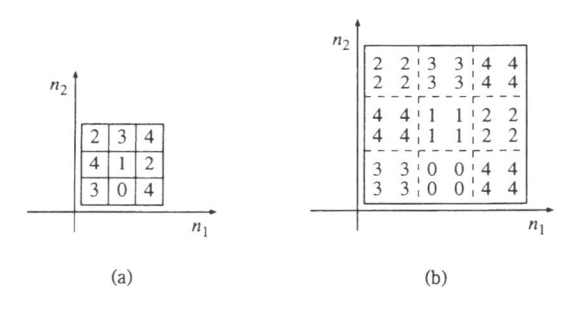

図 **7.9** 零次ホールド法の原理

(a) 原画像

(b) 拡大画像

図 **7.10** 零次ホールドによる拡大例 (縦横 2 倍)

図 7.10 に画像を縦横に 2 倍に拡大した例を示す．零次ホールド法による画像拡大では，拡大率が大きくなると，ブロックが視覚的に目障りになる．

7.3 多次元正弦波信号

画像信号は非正弦波信号である．しかし，フーリエ解析において述べたように，非正弦波信号は，正弦波信号に分解することができる．したがって，正弦波信号は，画像の表現や性質を調べる際にも重要である．そこでここでは，多次元信号である画像のために，多次元正弦波信号を説明する．

7.3.1 2次元正弦波信号

（1） 2次元正弦波信号

静止画像は2次元信号である．ここでは，表現を簡単にするために，2次元信号を例にするが，容易に3次元信号の場合に拡張できる

2次元正弦波信号は
$$f(x,y) = A\cos(\Omega_1 x + \Omega_2 y) \tag{7.5}$$
と表現される．ここで，Aは大きさ，x, yは場所を表す変数である．また，Ω_1とΩ_2は，角周波数であり，周波数F_1, F_2と
$$\Omega_1 = 2\pi F_1, \Omega_2 = 2\pi F_2 \tag{7.6}$$
と関係する．

2次元正弦波信号は，2つの周波数を持つ．Ω_1とΩ_2をそれぞれ**水平角周波数**，**垂直角周波数**，F_1とF_2をそれぞれ**水平周波数**，**垂直周波数**という．静止画像の信号は時間の関数ではなく，場所(空間)の関数である．このことから，2次元信号の周波数をしばしば**空間周波数**という．

（2） 具体例

式(7.5)の信号を具体的に考えよう．図7.11(a)は$A=1$, $F_1=1$, $F_2=0$とおいた信号であり，図(b)は$A=1$, $F_1=0$, $F_2=2$, 図(c)は$A=1$, $F_1=1$, $F_2=2$とおいた信号である．

また図7.12は，図7.11(c)の信号の断面図である．2次元信号は一見複雑であるが，x方向，y方向の断面に着目すると，単純に1次元の正弦波信号と考えることができる．しかし，先に述べた1次元信号の周波数は，単位時間(1秒

7.3 多次元正弦波信号   153

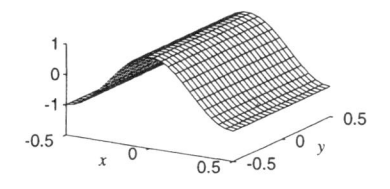

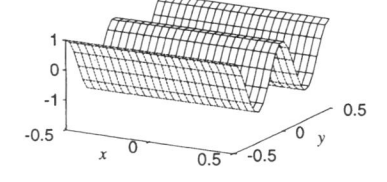

(a) $A=1$, $F_1=1$, $F_2=0$

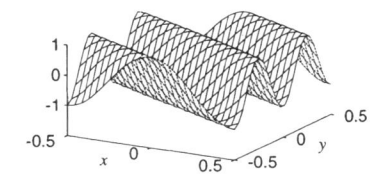

(b) $A=1$, $F_1=0$, $F_2=2$

(c) $A=1$, $F_1=1$, $F_2=2$

図 7.11 2次元正弦波信号

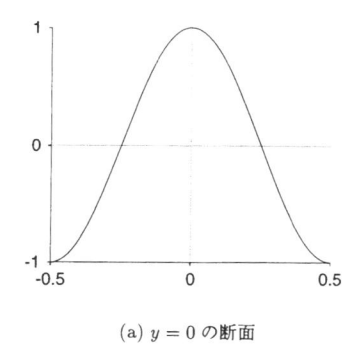

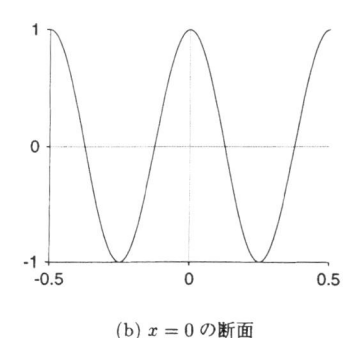

(a) $y=0$ の断面

(b) $x=0$ の断面

図 7.12 図 7.11 の断面図

間) の周期数であるが，この信号は時間の関数ではない．したがって，ここでは，単位長さあたりの周期数を周波数と考える．長さの単位は，特に規定しないでおく．

(3) 周波数領域表現

周波数スペクトルを考えよう．式(7.5)は，オイラーの公式を用いると，

$$f(x,y) = (A/2)e^{-j(\Omega_1 x+\Omega_2 y)} + (A/2)e^{j(\Omega_1 x+\Omega_2 y)} \tag{7.7}$$

と整理される．したがって，図7.11の各信号の周波数領域表現，すなわち周波数スペクトルは，それぞれ2つの周波数軸を用いて図7.13となる．

(a) $A = 1$, $F_1 = 1$, $F_2 = 0$

(b) $A = 1$, $F_1 = 0$, $F_2 = 2$

(c) $A = 1$, $F_1 = 1$, $F_2 = 2$

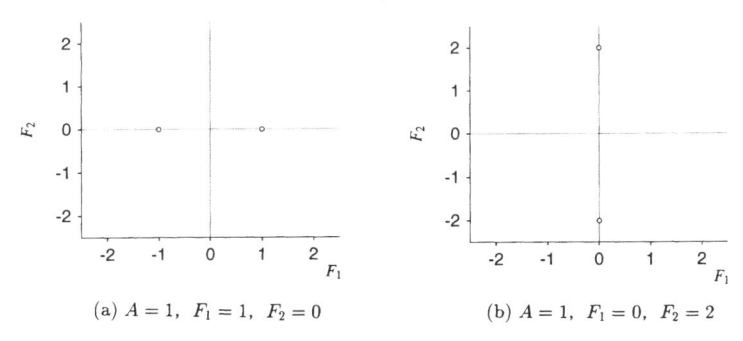

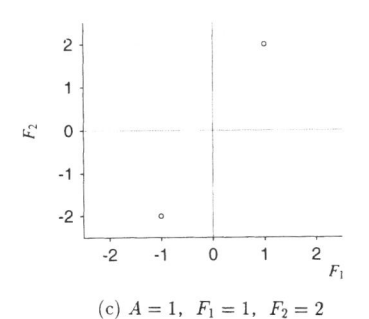

図 7.13 2次元正弦波信号の周波数領域表現

(○は値0.5を意味する)

7.3.2 サンプリング

正弦波信号をサンプリングしよう．1次元信号の場合と同様に，周波数スペクトルの周期性と正規化表現に注意して欲しい．

（1） サンプリング

いま，x方向のサンプリング間隔をT_x, y方向のサンプリング間隔をT_yとおき，式(7.7)に$x = n_1 T_x$, $y = n_2 T_y$を代入すると

$$\begin{aligned}f(n_1 T_x, n_2 T_y) &= (A/2)e^{-j(\Omega_1 T_x n_1+\Omega_2 T_y n_2)} \\ &\quad + (A/2)e^{j(\Omega_1 T_x n_1+\Omega_2 T_y n_2)}\end{aligned} \tag{7.8}$$

を得る.ただし,n_1 と n_2 は整数である.上式が 2 次元正弦波信号をサンプリングした表現である.

(2) 正規化表現

式 (7.8) をしばしば次式のように表す.
$$f(n_1, n_2) = (A/2)e^{-j(\omega_1 n_1 + \omega_2 n_1)} + (A/2)e^{j(\omega_1 n_1 + \omega_2 n_1)} \quad (7.9)$$
ただし
$$\omega_1 = \Omega_1 T_x, \qquad \omega_2 = \Omega_2 T_x \quad (7.10)$$
である.このような表現を 2 次元正弦波信号の**正規化表現**,ω_1 及び ω_2 を**正規化角周波数**という.多くの画像処理では,この正規化表現に基づき信号を表現し処理を行う.

【**例題 7.5**】 信号 $f(x,y) = e^{-j4\pi x} + 2 + e^{4\pi y}$ を,$T_x = T_y = 1/4$,$T_x = T_y = 1/5$ でそれぞれサンプリングし,正規化表現せよ.

【**解答**】 まず,$x = T_x n_1 = n_1/5,\ y = T_y n_2 = n_2/5$ を代入すると
$$f(n_1 T_x, n_2 T_y) = e^{-j4\pi n_1/5} + 2 + e^{j4\pi n_2/5}$$
を得る.したがって,正規化表現は
$$f(n_1, n_2) = e^{-j4\pi n_1/5} + 2 + e^{j4\pi n_2/5}$$
となる.一方,$T_x = T_y = 1/4$ と選んだ場合の正規化表現は
$$f(n_1, n_2) = e^{-j4\pi n_1/4} + 2 + e^{j4\pi n_2/4}$$
$$= e^{-j\pi n_1} + 2 + e^{j\pi n_2}$$
となる. □

(3) 周波数スペクトルの周期性

1 次元信号の場合には,信号をサンプリングすると,周波数スペクトルは周期性を持った.多次元信号においても同様に,周期的なスペクトルを考えなければならない.

この理由を次に簡単に説明する.式 (7.8) において,明らかに
$$e^{j(\Omega_1 T_x n_1 + \Omega_2 T_y n_2)} = e^{j((\Omega_1 + k\Omega_{s1})T_x n_1 + (\Omega_2 + k\Omega_{s2})T_y n_2)} \quad (7.11)$$
が成立する.ここで,k は整数,$\Omega_{s1} = 2\pi F_{s1} = 2\pi/T_x$,$\Omega_{s2} = 2\pi F_{s2} = 2\pi/T_y$ である.上式は,周波数スペクトルが,x 方向にサンプリング周波数 $F_{s1} = 1/T_x$

で，また y 方向にサンプリング周波数 $F_{s2} = 1/T_y$ で周期性を持つことを意味する．

上式を正規化表現に直すと，
$$e^{j(\omega n_1 + \omega n_2)} = e^{j((\omega_1 + 2\pi k)n_1 + (\omega_2 + 2\pi k)n_2)} \tag{7.12}$$
を得る．1次元信号との違いは，周期性が x 方向と y 方向の2つの方向にある点である．図7.14に，サンプリングにより周波数スペクトルが周期的となるようすを示す．

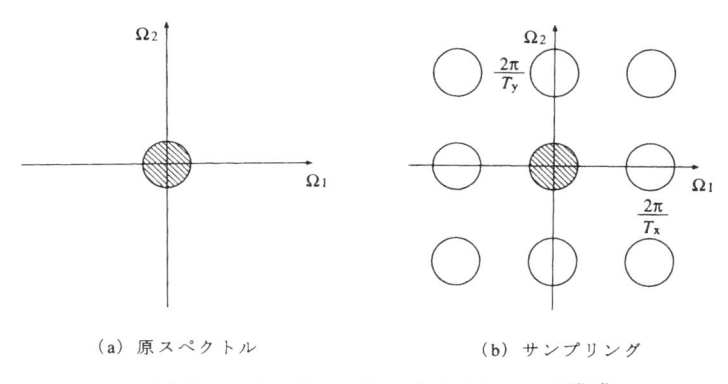

(a) 原スペクトル　　(b) サンプリング

図 **7.14** サンプリングによるスペクトルの周期化

【**例題 7.6**】 サンプリングによりエリアジングが発生した画像を示せ．

【**解答**】 図7.15(a) は十分な細かさでサンプリングされた画像であり，同図(b) はサンプリング間隔が荒かったために，エリアジングが発生している．女性のショールの縞模様が，格子縞のようになっているのがわかる．このように，エリアジングにより原画像と異なる画像になってしまう． □

7.4　画像信号のフーリエ解析

画像信号のフーリエ解析法を述べる．ここでは，ディジタル信号のフーリエ解析法に限定して説明する．

（1）　多次元フーリエ解析法

7.4 画像信号のフーリエ解析

(a) エリアジングなし

(b) エリアジングあり

図 7.15 エリアジング発生の例

　表 7.1 に 2 次元信号に対する 3 種類のフーリエ解析法を与える．1 次元の"離散時間"という表現の類似として，"離散空間"という表現を用いた．信号が周期的な場合には，離散空間フーリエ級数，非周期的な場合には離散空間フーリエ変換を用いる．コンピュータを用いて解析を行う場合には，離散フーリエ変換が便利である．またその実行には高速フーリエ変換 (FFT) を利用することができる．

　表 7.1 の表現は一見複雑であるが，1 次元信号のフーリエ解析との違いはわずかである．周波数が 2 種類あることと，利得調整の定数のみが異なる．

表 7.1 2次元のフーリエ解析法

変換名	定義式
2次元離散空間フーリエ変換	$f(n_1, n_2) = \dfrac{1}{4\pi^2} \displaystyle\int_0^{2\pi} \int_0^{2\pi} F(e^{j\omega_1}, e^{j\omega_2}) e^{j(\omega_1 n_1 + \omega_2 n_2)} d\omega_1 d\omega_2$ $F(e^{j\omega_1}, e^{j\omega_2}) = \displaystyle\sum_{n_1=-\infty}^{\infty} \sum_{n_2=-\infty}^{\infty} f(n_1, n_2) e^{-j(\omega_1 n_1 + \omega_2 n_2)}$
2次元離散空間フーリエ級数	$f_N(n_1, n_2) = \dfrac{1}{N_1} \dfrac{1}{N_2} \displaystyle\sum_{k_1=0}^{N_1-1} \sum_{k_2=0}^{N_2-1} F_N(k_1, k_2) W_{N_1}^{-n_1 k_1} W_{N_2}^{-n_2 k_2}$ $F_N(k_1, k_2) = \displaystyle\sum_{n_1=0}^{N_1-1} \sum_{n_2=0}^{N_2-1} f_N(n_1, n_2) W_{N_1}^{n_1 k_1} W_{N_2}^{n_2 k_2}$ $(-\infty < n_1, n_2 < \infty)$ $(-\infty < k_1, k_2 < \infty)$
2次元離散フーリエ変換 2D-DFT	$f(n_1, n_2) = \dfrac{1}{N_1} \dfrac{1}{N_2} \displaystyle\sum_{k_1=0}^{N_1-1} \sum_{k_2=0}^{N_2-1} F(k_1, k_2) W_{N_1}^{-n_1 k_1} W_{N_2}^{-n_2 k_2}$ $F(k_1, k_2) = \displaystyle\sum_{n_1=0}^{N_1-1} \sum_{n_2=0}^{N_2-1} f(n_1, n_2) W_{N_1}^{n_1 k_1} W_{N_2}^{n_2 k_2}$ $(0 \leqq n_1, k_1 \leqq N_1 - 1)$ $(0 \leqq n_2, k_2 \leqq N_2 - 1)$

【**例題 7.7**】 図 7.16(a) の信号の離散空間フーリエ変換を求めよ.

【**解答**】 表 7.1 から

$$\begin{aligned} F(e^{j\omega_1}, e^{j\omega_2}) &= (1/4)(1 + e^{-j\omega_1} + e^{-j\omega_2} + e^{-j(\omega_1 + \omega_2)}) \\ &= (1/4)(1 + e^{-j\omega_1})(1 + e^{-j\omega_2}) \\ &= (1/4)(e^{j\omega_1/2} + e^{-j\omega_1/2}) \\ &\quad (e^{j\omega_2/2} + e^{-j\omega_2/2}) e^{-j(\omega_1/2 + \omega_2/2)} \\ &= (1/4) \cos(\omega_1/2) \cos(\omega_2/2) e^{-j(\omega_1/2 + \omega_2/2)} \end{aligned}$$

を得る. ゆえに, 振幅スペクトル $A(\omega_1, \omega_2)$ と位相スペクトル $\theta(\omega_1, \omega_2)$ は,

$$A(\omega_1, \omega_2) = (1/4) \cos(\omega_1/2) \cos(\omega_2/2)$$

$$\theta(\omega_1, \omega_2) = -(\omega_1/2 + \omega_2/2)$$

となる. 図 7.16(b) に振幅スペクトルの絶対値を図示する. □

7.4 画像信号のフーリエ解析

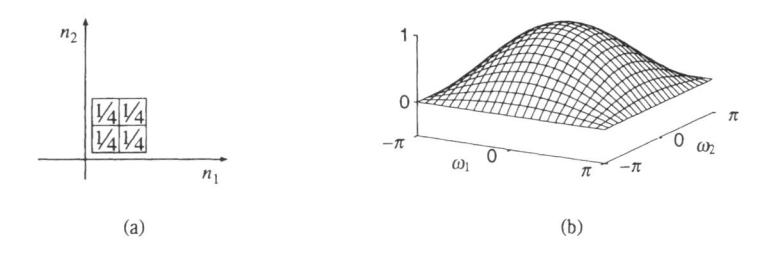

(a) (b)

図 **7.16** 例題 7.7

（2） DFT の実行法

図 7.17 を用いて 2 次元信号に対して離散フーリエ変換 (DFT) の実行法を説明しよう．

サイズ $N_2 \times N_1$ の 2 次元データ $f(n_1, n_2)$ を考える．このデータは原画像に適当に零値を挿入したものである．この零値の挿入量は，周波数スペクトルの離散化の精度，高速フーリエ変換 (FFT) の点数の制約 (2 のべき乗値) を考慮して決める．

この 2 次元データに対する 2 次元 DFT の実行は，以下の手順により行われる．

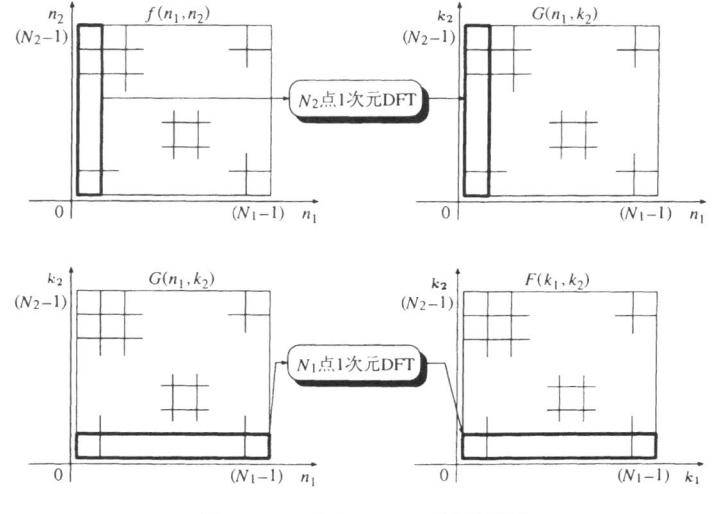

図 **7.17** 2 次元 DFT の行列分解例

□ 各列の N_2 点データに対して 1 次元 DFT を合計 N_1 回計算する．
            □ 生成された $N_2 \times N_1$ のデータ $G(n_1, k_2)$ の各行に対して N_1 点 DFT を合計 N_2 回計算する．

以上の処理により，行と列の処理を分離して 2 次元 DFT を実行することができる．行と列の処理の順番は交換可能である．逆 DFT に対しても，同様に行と列にわけて処理を実行することができる．したがって，多次元 DFT の計算に 1 次元の FFT アルゴリズムを使用することが可能となる．

（3） 分離処理の正当性

なぜ図 7.17 に示すように，行と列の処理が分離可能なのかについて簡単に説明しよう．

まず，表 7.1 の DFT は，
$$F(k_1, k_2) = \sum_{n_1=0}^{N_1-1} \left(\sum_{n_2=0}^{N_2-1} f(n_1, n_2) W_{N_2}^{n_2 k_2} \right) W_{N_1}^{n_1 k_1} \qquad (7.13)$$
と書き直せる．上式の右辺のかっこ内に着目すると，n_1 固定の下で，$k_2 = 0, 1, 2, \cdots, N_2 - 1$ に対する 1 次元 DFT と解釈できる．いま，これを
$$G(n_1, k_2) = \sum_{n_2=0}^{N_2-1} f(n_1, n_2) W_{N_1}^{n_2 k_2} \qquad (7.14)$$
とおく．このとき，2 次元 DFT を
$$F(k_1, k_2) = \sum_{n_1=0}^{N_1-1} G(n_1, k_2) W_{N_1}^{n_1 k_1} \qquad (7.15)$$
と表すことができる．

以上の関係は，図 7.17 の処理法を与えている．すなわち，式 (7.14) は列処理に相当し，式 (7.15) はその結果を行方向に処理することを意味する．このような 2 次元 DFT の実行法を行列分解法という．

【**例題 7.8**】 図 7.6(a) の画像の 2 次元 DFT を計算し，その振幅スペクトルと位相スペクトルを図示せよ．

【**解答**】 図 7.18(a)(b) を得る．大きな値ほど高い輝度を割り当てている．図 7.18(a)(b) の情報を用いて逆 DFT を計算すると，図 7.6(a) の原画像が復元される．また振幅スペク

7.4 画像信号のフーリエ解析

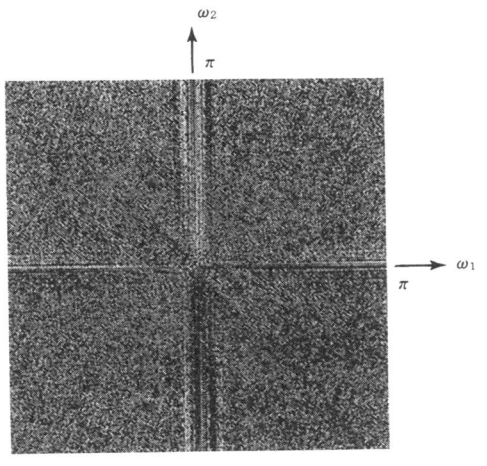

(a) 位相スペクトル

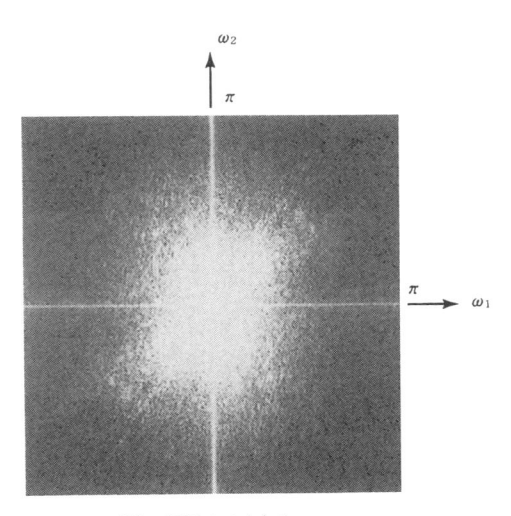

(b) 振幅スペクトル

図 7.18 画像信号の DFT

トルから，低域に画像のエネルギーが集中していることがわかる．これは，他の画像を用いた場合にも現れる一般的な傾向である． □

【例題 7.9】 図 7.18(a)(b) の情報をそれぞれ逆変換し，得られる画像を比較せよ．

【解答】 図 7.19 を得る．位相情報を用いて復元された画像が，原画像により近いことがわかる．画像処理において位相情報は非常に重要であり，画像処理は位相ひずみに注意して行わなければならない． □

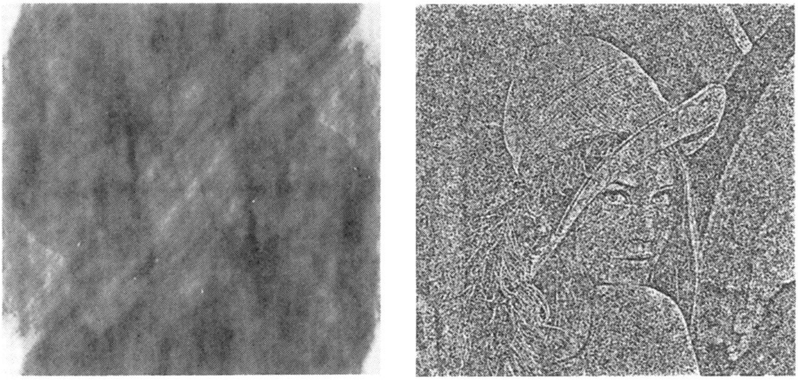

(a) 振幅スペクトルの IDFT (b) 位相スペクトルの IDFT

図 **7.19** スペクトルの IDFT

演 習 問 題

(1) サイズ 100×100 の 2 値画像で 10[フレーム/sec] の動画像を考える．1 分間のデータ量を求めよ．

(2) 図 7.20 のスペクトルを持つ 2 次元信号 $f(x,y)$ を求めよ．

(3) 各画素値が 8 ビットの白黒画像の例として，図 7.21 を考える．

　(a) ヒストグラムを作成せよ．

　(b) 図 7.8(a) のネガポジ変換を行った場合，ヒストグラムはどうなるか．

(4) 信号 $f(n_1, n_2) = (1/4)(\delta(n_1, n_2) + \delta(n_1 - 1, n_2) + \delta(n_1 - 2, n_2) + \delta(n_1 - 3, n_2))$ の 2 次元離散空間フーリエ変換を求めよ．

演 習 問 題   163

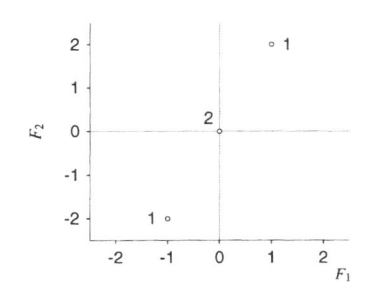

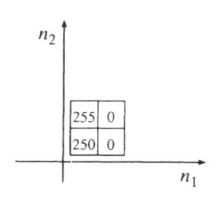

図 7.20　演習問題 (2)の説明

図 7.21　演習問題 (3)の説明

8 画像のフィルタ処理

ディジタル画像をディジタルフィルタにより処理する方法を述べる．ディジタルフィルタを理解するために，再び線形時不変システムと z 変換を復習する．ただし，それらは多次元であるが，ほとんど 1 次元と同様である．多次元ディジタルフィルタには分離型と非分離型があり，その理解が実用上も重要である．

8.1 代表的な多次元信号

まず準備として，2 次元信号を例にして，代表的な多次元信号を紹介する．多次元独特の概念として，分離型信号が説明される．

8.1.1 代表的な信号例

1 次元信号と同様に，インパルス信号や単位ステップ信号を定義することができる．

（1） 2 次元単位インパルス信号 $\delta(n_1, n_2)$

この信号は

$$\delta(n_1, n_2) = \begin{cases} 1, & n_1 = n_2 = 0 \\ 0, & その他 \end{cases} \tag{8.1}$$

と定義され，図 8.1(a) のように図示される．混乱がない場合，この信号を単にインパルスと省略して呼ぶ．

また，インパルス以外の信号も，このインパルスを用いて表現することができる．任意の信号 $x(n_1, n_2)$ に対して，一般的に

$$x(n_1, n_2) = \sum_{k_1=-\infty}^{\infty} \sum_{k_2=-\infty}^{\infty} x(k_1, k_2) \delta(n_1 - k_1, n_2 - k_2) \tag{8.2}$$

8.1 代表的な多次元信号

(a) $\delta(n_1, n_2)$ (b) $x(n_1, n_2)$

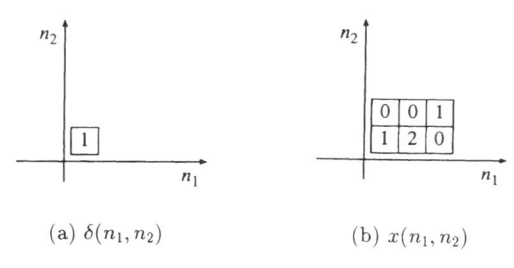

図 **8.1**　2次元単位インパルス $\delta(n_1, n_2)$

と記述できる (例題 8.1 参照). この表現は，式 (2.7) の 1 次元の単位インパルスの性質の 2 次元への拡張である．

（2）　2 次元単位ステップ信号 $u(n_1, n_2)$**（図 8.2 参照）**

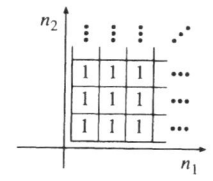

図 **8.2**　2次元単位ステップ信号 $u(n_1, n_2)$

この信号は

$$u(n_1, n_2) = \begin{cases} 1, & n_1 \geqq 0, \text{かつ } n_2 \geqq 0 \\ 0, & \text{その他} \end{cases} \tag{8.3}$$

である．

（3）　分離型信号

2 次元信号 $x(n_1, n_2)$ を考えよう．いま，この信号が

$$x(n_1, n_2) = x_1(n_1) x_2(n_2) \tag{8.4}$$

のように，n_1, n_2 に関して独立な 2 つの信号 $x_1(n_1)$, $x_2(n_2)$ の積に分解できるとき，信号 $x(n_1, n_2)$ を**分離型信号**という．一方，$x(n_1, n_2)$ が分離不可能である場合，これを**非分離型信号**である．

上記のインパルス応答及び単位ステップ信号は，分離型信号の一つである．すなわち

$$\delta(n_1, n_2) = \delta(n_1) \delta(n_2) \tag{8.5}$$

$$u(n_1, n_2) = u(n_1)u(n_2) \tag{8.6}$$

が成立する．例えば，式 (8.5)は図 8.3の表現に対応する．

【例題 8.1】 図 8.1(b) の信号を，式 (8.2)に基づき表現せよ．

【解答】 $x(n_1, n_2) = \delta(n_1, n_2) + 2\delta(n_1 - 1, n_2) + \delta(n_1 - 2, n_2 - 1)$ となる．　□

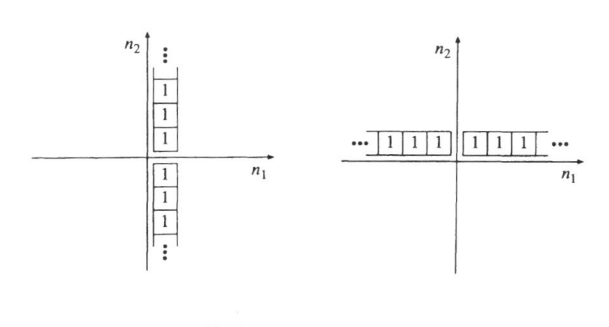

(a) $x(n_1, n_2) = \delta(n_1)$　　　　(b) $y(n_1, n_2) = \delta(n_2)$

図 8.3　分離型信号 $\delta(n_1, n_2) = x(n_1, n_2)y(n_1, n_2) = \delta(n_1)\delta(n_2)$

8.2　多次元ディジタルフィルタ

画像処理のためのディジタルフィルタを導入しよう．ここで，紹介するフィルタは，線形時不変システムに属するものである．

まず 2 次元を例にして，線形時不変システム[†]を定義しよう．原画像を入力信号 $x(n_1, n_2)$，処理後の画像を出力信号 $y(n_1, n_2)$ とすると，図 8.4に示す処理システムを考えることができる．出力 $y(n_1, n_2)$ と入力 $x(n_1, n_2)$ の関係を，

図 8.4　システムの表現

[†] 静止画像は時間の関数ではないが，ここでは 1 次元の表現の類似として時不変という表現を使う．シフト不変，空間不変という言い方もする．

8.2 多次元ディジタルフィルタ

変換 (transform) の意味で $T[\cdot]$ を用いて

$$y(n_1, n_2) = T[x(n_1, n_2)] \tag{8.7}$$

と記述する.

（1） 線形システム

任意の2つの入力信号 $x_1(n_1, n_2)$, $x_2(n_1, n_2)$ に対して，出力信号をそれぞれ $y_1(n_1, n_2) = T[x_1(n_1, n_2)]$, $y_2(n_1, n_2) = T[x_2(n_1, n_2)]$ とする．このとき

$$\begin{aligned} y(n_1, n_2) &= T[ax_1(n_1, n_2) + bx_2(n_1, n_2)] \\ &= aT[x_1(n_1, n_2)] + bT[x_2(n_1, n_2)] \\ &= ay_1(n_1, n_2) + by_2(n_1, n_2) \end{aligned} \tag{8.8}$$

が成立するならば，このシステムを2次元線形システムという．ただし，a および b は任意の定数である．

要するに，線形システムとは，1次元の場合と同様に，重ねが成り立つシステムである．

（2） 時不変システム

入力信号 $x(n_1, n_2)$ に対して，出力信号を $y(n_1, n_2) = T[x(n_1, n_2)]$ とする．このとき

$$y(n_1 - m_1, n_2 - m_2) = T[x(n_1 - m_1, n_2 - m_2)] \tag{8.9}$$

が成立するとき，このシステムを2次元時不変システムあるいはシフト不変システムという．ただし，m_1 及び m_2 は任意の整数値である．

（3） 線形時不変システム

線形システムの条件 (式 (8.8)) と時不変システムの条件 (式 (8.9)) を同時に満たすとき，そのシステムを2次元線形時不変システムという．

本章で述べるディジタルフィルタは，すべてこのシステムに相当する．

【**例題 8.2**】 線形時不変システムを考え，入力として $\delta(n_1, n_2)$ を加えたとき，図 8.5(a) の出力 $h(n_1, n_2)$ が得られるとする．このとき，このシステムに図 8.5(b) の入力 $x(n_1, n_2)$ を加えた場合，得られる出力 $y(n_1, n_2)$ を求めよ．

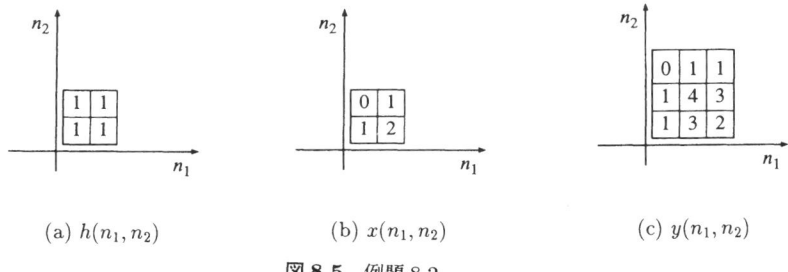

(a) $h(n_1, n_2)$ (b) $x(n_1, n_2)$ (c) $y(n_1, n_2)$

図 8.5　例題 8.2

【解答】　入力は，$x(n_1, n_2) = \delta(n_1, n_2) + 2\delta(n_1 - 1, n_2) + \delta(n_1 - 1, n_2 - 1)$ と表現できる．ゆえに線形時不変の条件から，出力は，$y(n_1, n_2) = h(n_1, n_2) + 2h(n_1 - 1, n_2) + h(n_1 - 1, n_2 - 1)$ となり，図 8.5(c) を得る．

このように線形時不変システムでは，インパルスに対する応答がわかれば，任意の入力に対する出力を決定することができる．　□

（4）　たたみ込み

インパルスに対する応答

$$h(n_1, n_2) = T[\delta(n_1, n_2)] \tag{8.10}$$

を，2次元システムの**インパルス応答**という．

線形時不変システムでは，任意の入力 $x(n_1, n_2)$ に対する出力 $y(n_1, n_2)$ を，インパルス応答を用いて決定することができる．この関係は，一般的に

$$y(n_1, n_2) = \sum_{k_1=-\infty}^{\infty} \sum_{k_2=-\infty}^{\infty} h(k_1, k_2) x(n_1 - k_1, n_2 - k_2) \tag{8.11}$$

と記述できる．

上式を **2次元のたたみ込み**または**直線たたみ込み**という．1次元の場合と同様に，ディジタルフィルタはこのたたみ込みを実行するシステムである．例題 8.2 は，たたみ込みの一つの例である．インパルス応答 $h(n_1, n_2)$ が $h(n_1, n_2) = h_1(n_1) h_2(n_2)$ と分離型信号であるシステムを，**分離型システム**，または**分離型フィルタ**という．

【例題 8.3】　次の 4 点平均を求めるシステムのインパルス応答を求め，処理の違いを説明せよ．

(a) $y(n_1, n_2) = 1/4(x(n_1, n_2) + x(n_1 - 1, n_2) + x(n_1 - 2, n_2) + x(n_1 - 3, n_2))$

(b) $y(n_1, n_2) = 1/4(x(n_1, n_2) + x(n_1, n_2 - 1) + x(n_1, n_2 - 2) + x(n_1, n_2 - 3))$

(c) $y(n_1, n_2) = 1/4(x(n_1, n_2) + x(n_1 - 1, n_2) + x(n_1, n_2 - 1) + x(n_1 - 1, n_2 - 1))$

【解答】 各システムのインパルス応答は，式 (8.11) から図 8.6 となる．各システムは，図 8.7 に示すように，4 点平均のための 4 つの画素の選び方に違いがある．(a) は横方向の 4 点平均，(b) は縦方向の 4 点平均，(c) は縦横にまたがる 4 点平均である． □

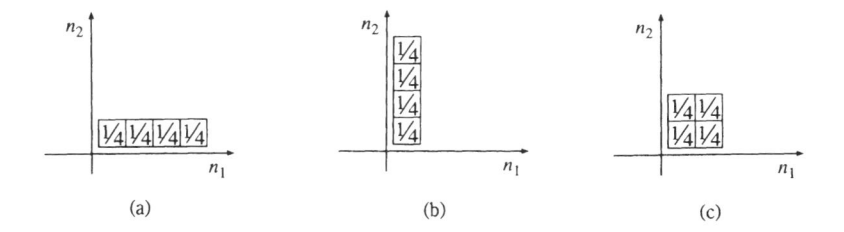

図 8.6 例題 8.3

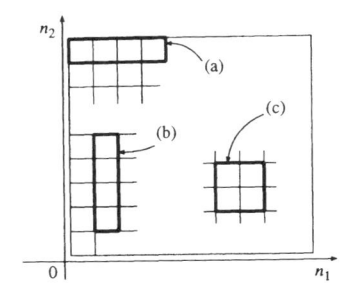

図 8.7 種々の 4 点平均処理

8.3　z変換とフィルタの周波数特性

1次元の信号処理と同様に，z変換の理解が画像処理の場合も必要である．ここでは，2次元のz変換をまず説明する．次に，z変換に基づきシステムの伝達関数と周波数特性を説明する．

8.3.1　2次元信号のz変換

（1）　z変換の定義

2次元信号 $x(n_1, n_2)$ の z 変換 $X(z_1, z_2)$ は

$$X(z_1, z_2) = \sum_{n_1=-\infty}^{\infty} \sum_{n_2=-\infty}^{\infty} x(n_1, n_2) z_1^{-n_1} z_2^{-n_2} \tag{8.12}$$

と定義される．1次元のz変換との違いは，z_1, z_2の2変数である点である．しばしばこのz変換を

$$x(n_1, n_2) \overset{z}{\leftrightarrow} X(z_1, z_2) \tag{8.13}$$

と略記する．

以下の具体例で，実際にz変換する方法を説明しよう．

【例題 8.4】　図8.8の各信号のz変換を求めよ．

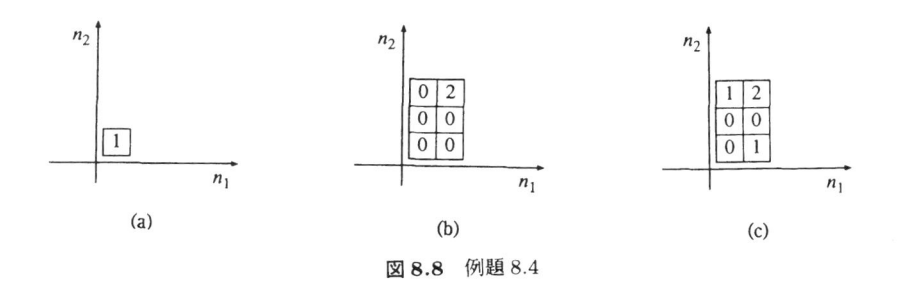

図 8.8　例題 8.4

【解答】　式(8.2)の性質から，任意の信号はインパルス$\delta(n_1, n_2)$を用いて表現できることをまず注意する．したがって，その表現を式(8.12)に代入すればよい．

(a)　$x(n_1, n_2) = \delta(n_1, n_2)$
　　$x(n_1, n_2) \overset{z}{\leftrightarrow} 1$

(b) $x(n_1, n_2) = 2\delta(n_1 - 1, n_2 - 2)$
   $x(n_1, n_2) \overset{z}{\leftrightarrow} 2z_1^{-1} z_2^{-2}$

(c) $x(n_1, n_2) = \delta(n_1 - 1, n_2) + 2\delta(n_1 - 1, n_2 - 2) + \delta(n_1, n_2 - 2)$
   $x(n_1, n_2) \overset{z}{\leftrightarrow} z_1^{-1} + 2z_1^{-1} z_2^{-2} + z_2^{-2}$

□

（2） z 変換の性質

2次元 z 変換の代表的な性質を示す．ただし以下では，
$$x_1(n_1, n_2) \overset{z}{\leftrightarrow} X_1(z_1, z_2), \quad x_2(n_1, n_2) \overset{z}{\leftrightarrow} X_2(z_1, z_2) \tag{8.14}$$
とする．分離型信号の性質以外は，1次元の z 変換とほぼ同じである．

・線形性
$$ax_1(n_1, n_2) + bx_2(n_1, n_2) \overset{z}{\leftrightarrow} aX_1(z_1, z_2) + bX_2(z_1, z_2) \tag{8.15}$$
ただし，a 及び b は任意の定数である．

z 変換は，この線形性と呼ばれる性質を持つ．

・空間シフト
$$x(n_1 - m_1, n_2 - m_2) \overset{z}{\leftrightarrow} z_1^{-m_1} z_2^{-m_2} X(z_1, z_2) \tag{8.16}$$

・たたみ込み
$$x_1(n_1, n_2) **x_2(n_1, n_2) \overset{z}{\leftrightarrow} X_1(z_1, z_2) X_2(z_1, z_2) \tag{8.17}$$
ここで，$**$ は式 (8.11) のたたみ込み表現の略記したものである．

・分離型信号
$$x(n_1, n_2) = x_1(n_1) x_2(n_2) \overset{z}{\leftrightarrow} X(z_1, z_2) = X_1(z_1) X_2(z_2) \tag{8.18}$$
この性質は，分離型信号の z 変換が，分離された信号 $x_1(n_1)$，$x_2(n_2)$ の個々の z 変換 $X_1(z_1)$，$X_2(z_2)$ の積として与えられることを意味する．

【例題 8.5】 2次元単位ステップ信号 $u(n_1, n_2)$ の z 変換を分離型信号の性質を用いて求めよ．

【解答】 $u(n_1, n_2) = u(n_1) u(n_2)$ の表現可能であるので，$u(n_1)$ と $u(n_2)$ の z 変換を求めればよい．これは1次元の z 変換と等価である．ゆえに

$$u(n_1) \overset{z}{\leftrightarrow} U(z_1) = 1 + z_1^{-1} + z_1^{-2} + \cdots$$
$$= 1/(1 - z_1^{-1}) \tag{8.19}$$

となる．最後の整理は，等比級数和としての整理である．ゆえに，$u(n_1, n_2)$ の z 変換 $U(z_1, z_2)$ は $U(z_1, z_2) = U(z_1)U(z_2) = 1/(1 - z_1^{-1})(1 - z_2^{-1})$ となる． □

8.3.2　伝達関数と周波数特性

（1）　伝　達　関　数

線形時不変システムでは，式 (8.11) のたたみ込みの関係が成立する．したがって，z 変換のたたみ込みの性質から，システムの入出力関係は

$$Y(z_1, z_2) = H(z_1, z_2) X(z_1, z_2) \tag{8.20}$$

と与えられる．ここで $Y(z_1, z_2)$, $H(z_1, z_2)$ 及び $X(z_1, z_2)$ は，それぞれ $y(n_1, n_2)$, $h(n_1, n_2)$ 及び $x(n_1, n_2)$ の z 変換である．インパルス応答 $h(n_1, n_2)$ の z 変換 $H(z_1, z_2)$ を，**2次元システムの伝達関数**という．また，$H(z_1, z_2)$ における z_1 と z_2 の次数がそれぞれ $(N_1-1) \times (N_2-1)$ であるとき，この $(N_1-1) \times (N_2-1)$ を**フィルタの次数**，このフィルタを $(N_1-1) \times (N_2-1)$ 次のフィルタという．

【例題 8.6】　例題 8.3 のシステムの伝達関数を求め，その次数を示せ．

【解答】　図 8.6 のインパルス応答を z 変換すればよい．

(a)　$H(z_1, z_2) = (1 + z_1^{-1} + z_1^{-2} + z_1^{-3})/4$, 3×0 次

(b)　$H(z_1, z_2) = (1 + z_2^{-1} + z_2^{-2} + z_2^{-3})/4$, 0×3 次

(c)　$H(z_1, z_2) = (1 + z_1^{-1} + z_2^{-1} + z_1^{-1} z_2^{-1})/4 = (1 + z_1^{-1})(1 + z_2^{-1})/4$, 1×1 次

(c) のシステムは分離型フィルタであることがわかる． □

（2）　周波数特性

伝達関数の z_1, z_2 に $z_1 = e^{j\omega_1}$, $z_2 = e^{j\omega_2}$ をそれぞれ代入することにより，システムの周波数特性を求めることができる．すなわち，周波数特性 $H(e^{j\omega_1}, e^{j\omega_2})$ は

8.3 z変換とフィルタの周波数特性

$$H(e^{j\omega_1}, e^{j\omega_2}) = H(z_1, z_2)|_{z_1=e^{j\omega_1}, z_2=e^{j\omega_2}} \tag{8.21}$$

と与えられる.

この $H(e^{j\omega_1}, e^{j\omega_2})$ は一般に複素数であるので,その大きさ $A(\omega_1, \omega_2)$ と偏角 $\theta(\omega_1, \omega_2)$ を用いて

$$H(e^{j\omega_1}, e^{j\omega_2}) = A(\omega_1, \omega_2) e^{j\theta(\omega_1, \omega_2)} \tag{8.22}$$

と表す.このとき,$A(\omega_1, \omega_2)$ を,**2次元システムの振幅特性**,$\theta(\omega_1, \omega_2)$ を**位相特性**という.

また,画像処理を行う場合には,振幅特性と同時に,位相特性が重要である.特に位相ひずみを回避するために,直線位相特性を持つ必要がある.位相特性が

$$\theta(\omega_1, \omega_2) = -n_{d1}\omega_1 - n_{d2}\omega_2 - \theta_0 \tag{8.23}$$

と記述できるとき,そのフィルタを**直線位相フィルタ**という.ただし,n_{d1},n_{d2} 及び θ_0 は定数である.

【**例題 8.7**】 例題 8.6 の伝達関数から周波数特性を求めよ.

【解答】 式 (8.21) に示すように,z に周波数を代入すればよい.

(a) $H(e^{j\omega_1}, e^{j\omega_2}) = 1/4(1 + e^{-j\omega_1} + e^{-j2\omega_1} + e^{-j3\omega_1})$
$= 1/4(e^{j3\omega_1/2} + e^{j\omega_1/2} + e^{-j\omega_1/2} - e^{-j3\omega_1/2})e^{-j3\omega_1/2}$
$= 1/4(2\cos(\omega_1/2) + 2\cos(3\omega_1/2))e^{-j3\omega_1/2}$

と整理される.したがって,

$$A(\omega_1, \omega_2) = (\cos(\omega_1/2) + \cos(3\omega_1/2))/2$$
$$\theta(\omega_1, \omega_2) = -3\omega_1/2$$

(b) (a) と同様の手順により,

$$A(\omega_1, \omega_2) = (\cos(\omega_2/2) + \cos(3\omega_2/2))/2$$
$$\theta(\omega_1, \omega_2) = -3\omega_2/2$$

(c) $H(e^{j\omega_1}, e^{j\omega_2}) = 1/4(1 + e^{-j\omega_1})(1 + e^{-j\omega_2})$
$= 1/4(e^{j\omega_1}/2 + e^{-j\omega_1}/2)(e^{j\omega_2}/2 - e^{-j\omega_2}/2)e^{-j\omega_1/2}e^{-j\omega_2/2}$
$= \cos(\omega_1/2)\cos(\omega_2/2)e^{-j(\omega_1/2+\omega_2/2)}$

と整理される.したがって,

$$A(\omega_1, \omega_2) = \cos(\omega_1/2)\cos(\omega_2/2)$$
$$\theta(\omega_1, \omega_2) = -\omega_1/2 - \omega_2/2$$

すべてのシステムが直線位相特性を持つこと，(c) の分離型システムでは，分離された個々のシステムが直線位相を持てば，全体として直線位相になることがわかる．

図 8.9 に各システムの振幅特性 (周波数特性の絶対値) を図示する．いずれも低域通過フィルタ (LPF) であるが，特性は大きく異なることがわかる．特に (a)(b) のシステムは，片方の周波数成分のみにフィルタ効果がある． □

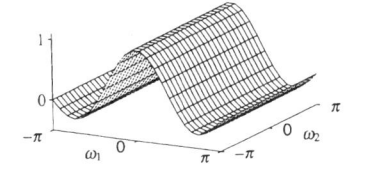

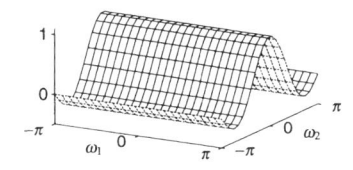

(a) $H(z_1, z_2) = \frac{1}{4}(1 + z_1^{-1} + z_1^{-2} + z_1^{-3})$

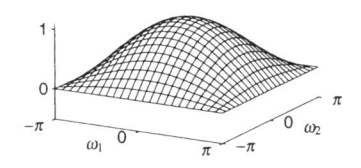

(b) $H(z_1, z_2) = \frac{1}{4}(1 + z_2^{-1} + z_2^{-2} + z_2^{-3})$

(c) $H(z_1, z_2) = \frac{1}{4}(1 + z_1^{-1} + z_2^{-1} + z_1^{-1}z_2^{-1})$

図 8.9　4 点平均の振幅特性 (例題 8.7)

8.3.3　分離型フィルタ

分離型フィルタの長所と短所について述べよう．

(1)　フィルタ処理の手順

分離型フィルタの伝達関数は $H(z_1, z_2) = H_1(z_1)H_2(z_2)$ と 2 つの 1 次元フィルタを用いることができる．このとき，画像の縦と横を分けて，1 次元のフィルタ処理を繰り返しとして，フィルタ処理を実行することができる．

図 8.10 にその処理手順を示す．まずフィルタ $H_1(z)$ を用いて，画像の各行

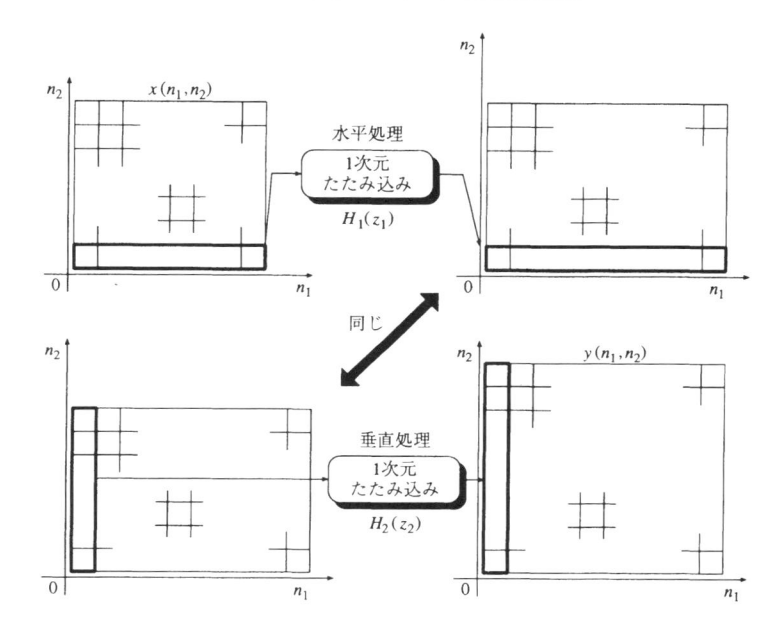

8.3 z 変換とフィルタの周波数特性

図 8.10 分離型フィルタによる処理手順

(横) データを順次処理する．次に処理後のデータの各列 (縦) データを，フィルタ $H_2(z)$ を用いて処理を行う．以上の手順により，2 次元の分離型フィルタの処理を実行することができる．行と列の処理の順序は交換しても良い．

(2) 長所と短所

まず，分離型フィルタの長所を以下に示す．

- □ フィルタ処理に必要な演算量が少ない (例題 8.8 参照)．
- □ 1 次元フィルタを用いることができる．

特に第 1 の特徴により，多くの場合，可能な限り画像処理では分離型フィルタを使用する．第 2 の特徴は，1 次元フィルタの設計が，2 次元フィルタに比べ容易であるので，分離型フィルタの設計が容易であることを意味する．

優れた特徴を持つ分離型フィルタではあるが，短所もある．それは

- □ 実現できる周波数特性に制約がある．

という点である．すなわち，伝達関数を分離するという形式では，すべての特性を表現することはできず，その適用に限界がある．

【**例題 8.8**】 伝達関数 $H_1(z_1) = a_0 + a_1 z_1^{-1} + a_2 z_1^{-2}$, $H_2(z_2) = b_0 + b_1 z_2^{-1} + b_2 z_2^{-2}$ を考える．$H(z_1, z_2) = H_1(z_1) H_2(z_2)$ のフィルタ係数の数と，右辺を展開した後のフィルタ係数の数を比較せよ．

【**解答**】 分離した形式では $3 + 3 = 6$ 個である．一方展開すると，$H(z_1, z_2) = (b_0 a_0 + b_0 a_1 z_1^{-1} + b_0 a_2 z_1^{-2}) + (b_1 a_0 z_2^{-1} + b_1 a_1 z_1^{-1} z_2^{-1} + b_1 a_2 z_1^{-2} z_2^{-1}) + (b_2 a_0 z_2^{-2} + b_2 a_1 z_1^{-1} z_2^{-2} + b_2 a_2 z_1^{-2} z_2^{-2})$ となり，フィルタ係数は $3 \times 3 = 9$ となる．フィルタ係数は，実現の際の乗算器数に相当するので，分離形式がより乗算器数が少ないことがわかる．高次のフィルタほど，両者の違いは顕著になる． □

8.4 フィルタと処理例

ここでは，簡単なフィルタ例とそれを用いた具体的な処理例を紹介しよう．

（1） 低域通過フィルタ

まず，最も基本的な低域フィルタに平均処理がある．例題 8.6 の伝達関数は，その一例である．図 8.11 に各フィルタを用いた処理例を示す．横方向の平均では，縦縞のような高周波成分が除去され，一方，縦方向の処理では，横縞が除去される．また，低域通過フィルタにより，高域情報が失われ，画像がぼやけることがわかる．

フィルタの表現としては，図 8.12 のように，インパルス応答 $h(n_1, n_2)$ を与える場合もある．図 8.12(a) のフィルタは，伝達関数 $H(z_1, z_2) = 1/4(1 + z_1^{-1} + z_2^{-1} + z_1^{-1} z_2^{-1}) = 1/4(1 + z_1^{-1})(1 + z_2^{-1})$ の平均処理に相当する．

（2） 高域通過フィルタ

図 8.13 に高域通過フィルタ（同図 (b) は高域強調であり，低域の成分も残す）のインパルス応答を示す．また，図 8.14 にその振幅特性の例を，図 8.15 に処理結果を示す．高域通過フィルタにより，画像の低域成分が除去され，高域成分（輝度の変化が激しい，エッジなど）が残ることがわかる．

（図 8.15 は 179 頁参照）

8.4 フィルタと処理例

(a) 原画像

(b) $H(z_1, z_2) = \dfrac{1}{7}(1 + z_1^{-1} + \cdots + z_1^{-6})$

(c) $H(z_1, z_2) = \dfrac{1}{49}(1 + z_1^{-1} + \cdots + z_1^{-6}) \cdot (1 + z_2^{-1} + \cdots + z_2^{-6})$

図 **8.11** 低域通過フィルタによる処理例

(a)

(b)

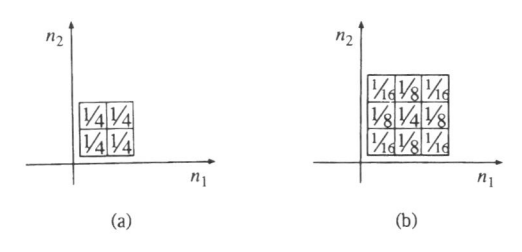

図 **8.12** 低域通過フィルタの例

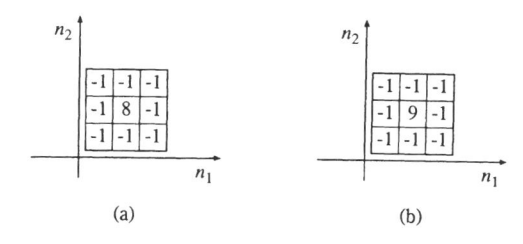

図 **8.13** 高域通過フィルタの例

（a）図 8.13（a）のフィルタ　　（b）図 8.13（b）のフィルタ

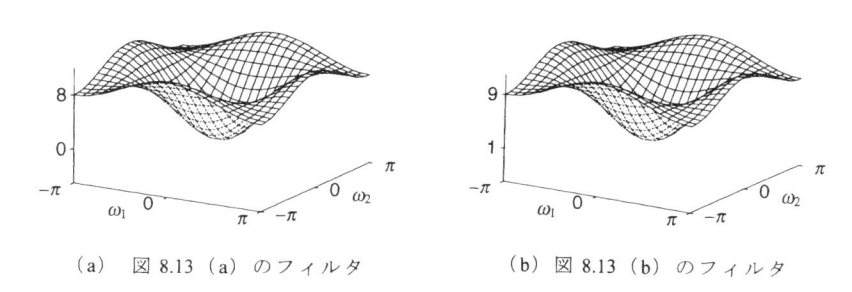

図 **8.14** 高域通過フィルタの振幅特性

演　習　問　題

(1) 図 8.16(a) と (b) の信号のたたみ込みを計算せよ．

(2) 図 8.16(a)(b) の z 変換 $X(z_1, z_2)$, $H(z_1, z_2)$ をそれぞれ求め，$Y(z_1, z_2) = H(z_1, z_2)X(z_1, z_2)$ を計算せよ．

(3) 線形時不変フィルタ $y(n_1, n_2) = 1/4(x(n_1, n_2) - x(n_1 - 1, n_2) - x(n_1, n_2 - 1) + x(n_1 - 1, n_2 - 1)$ を考える．

　(a) インパルス応答を求めよ．

　(b) 伝達関数を求めよ．

　(c) 周波数特性を求めよ．

(4) $H_1(z_1, z_2) = 1 + 2z_1^{-1} + z_1^{-2}, H_2(z_1, z_2) = 1 - z_2^{-1}$ を考え，分離型フィルタ $H(z_1, z_2) = H_1(z_1, z_2)H_2(z_1, z_2)$ を実現する．$H(z_1, z_2)$ のインパルス応答を求めよ．

演 習 問 題

(a) 図8.13 (a) のフィルタ

(b) 図8.13 (b) のフィルタ

図 8.15 高域通過フィルタによる処理例

(a)

(b)

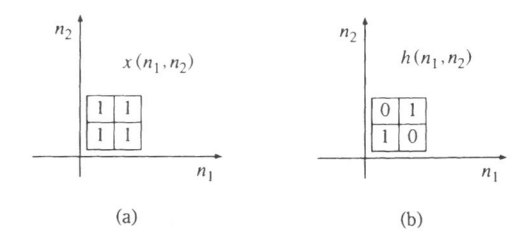

図 8.16 演習問題 (1)の説明

文　献

1) A.V.Oppenheim and R.W.Schafer, Discrete-Time Signal Processing, Prentice Hall (1989)
2) R. Crane, A Simplified Approach to Image Processing, Prentice Hall (1997)
3) 辻井、鎌田、ディジタル信号処理、昭晃堂 (1990)
4) 城戸健一、ディジタル信号処理入門、丸善 (1985)
5) 尾知博、ディジタルフィルタ設計入門、ＣＱ出版社 (1990)
6) 佐川、貴家、高速フーリエ変換とその応用、昭晃堂 (1992)
7) 貴家仁志、よくわかるディジタル画像処理、ＣＱ出版社 (1996)
8) 吹抜敬彦、ＴＶ画像の多次元信号処理、日刊工業新聞社 (1988)

演習問題解答

第 1 章

(1) 大きさ2, 周波数 $F = 50(\mathrm{Hz})$, 角周波数 $\Omega = 100\pi(\mathrm{rad/sec})$, 初期位相 $\theta = -\pi/4(\mathrm{rad})$

(2) $F_s = 500(\mathrm{Hz})$

(3) (a) 解図1参照. (b) $T_s = 1/F_s = 1/20 = 0.05$ に注意すると, 非正規化表現は $x(nT_s) = 2\sin(10\pi nT_s)$ より, $x(0.05n) = 2\sin(0.5\pi n)$ となる. 一方, 正規化表現は $x(n) = 2\sin(0.5\pi n)$ である.

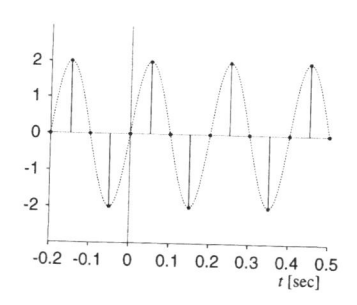

解図 1

(4) (a) $f = 0.2$, $\omega = 0.4\pi(\mathrm{rad})$. (b) $f = 0.5$, $\omega = \pi(\mathrm{rad})$. (c) $f = 0.05$, $\omega = 0.1\pi(\mathrm{rad})$.

(5) (a) $F = 10(\mathrm{kHz})$, $\Omega = 2\pi \times 10^4(\mathrm{rad/sec})$, (b) $F = 80(\mathrm{kHz})$, $\Omega = 16\pi \times 10^4(\mathrm{rad/sec})$, (c) $F = 10(\mathrm{kHz})$, $\Omega = 2\pi \times 10^4(\mathrm{rad/sec})$

(6) 周波数 F の正弦波信号 $x(t) = \sin(\Omega t)$ の離散時間表現は, $\Omega = 2\pi F$ に注意し, $t = nT_s (n:整数, T_s = 1/F_s)$ を代入すると $x(nT_s) = \sin(2\pi F nT_s)$ となる. 一方, 周波数 F' の正弦波信号 $x'(t) = \sin(2\pi F't)$ の離散時間表現は, $F' = F + kF_s$ に注意し, $t = nT_s (n:整数, T_s = 1/F_s)$ を代入すると $x'(nT_s) = \sin(2\pi(F + kF_s)nT_s) = \sin(2\pi F nT_s + 2\pi kn) = \sin(2\pi F nT_s)$ と整理される. したがって, $x(nT_s) = x'(nT_s)$ が成立する.

(7) 省略

第 2 章

(1) 解図 2参照.

(2) (a) 線形性を満たさない．時不変性を満たす．(b) 線形性と時不変性を満たす．(c) 線形性を満たす．時不変性を満たさない．(d) 線形性を満たす．時不変性を満たさない．

(3) 解図 3参照.

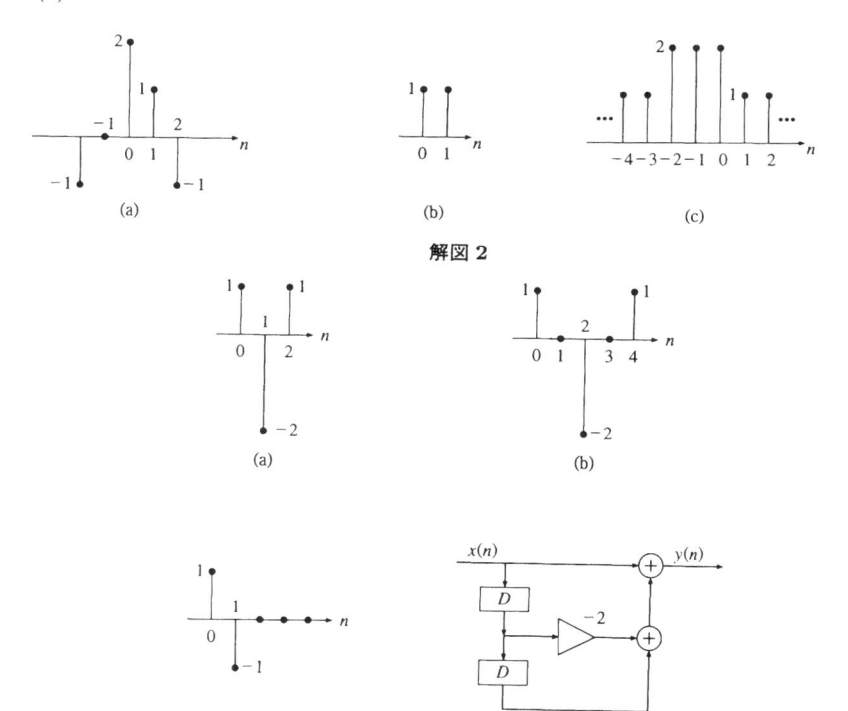

解図 2

解図 3

(4) $\delta(n) = u(n) - u(n-1)$ の関係に注意すると，$h(n) = y(n) - y(n-1)$ となり，解図 4が得られる．

(5) 解図 5参照.

(6) (a) $y(n) = 2x(n) - x(n-1) + 2x(n-2) + 0.5y(n-1)$. (b) 初期休止条件を仮定し，$x(n) = \delta(n)$ を代入すると，$h(0) = 2$, $h(1) = 0$, $h(2) = 2$, $h(3) = 1$, $h(4) = 0.5$, $h(5) = (0.5)^2$. (c) 式 (2.36)から，安定である．

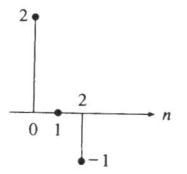

解図 4

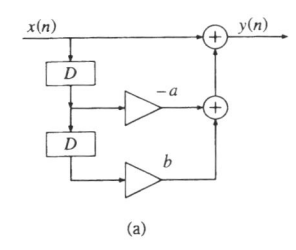

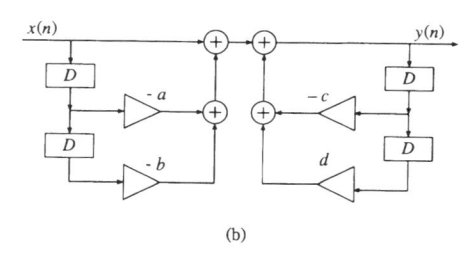

解図 5

(7) (a) $h(n) = \delta(n) + 2\delta(n-1) - 3\delta(n-2)$. (b) $h(n) = \delta(n) + \delta(n-1) - \delta(n-2) + \delta(n-3) - \delta(n-4) + \cdots + (-1)^{k-1}\delta(n-k) + \cdots$, $k \geqq 2$

(8) 例題 2.4 の結果，線形性と時不変性に注意すると $y(n) = T[u(n)] = \sum_{k=-\infty}^{n} T[\delta(k)] = \sum_{k=-\infty}^{n} h(k)$

(9) 式 (2.14) で $n-k = p$ とおくと，$y(n) = \sum_{p=-\infty}^{\infty} h(p)x(n-p)$ となり，式 (2.16) と一致する．

第 3 章

(1) (a) $X(z) = z^2 - 2 + 2z^{-2}$. (b) $X(z) = 1 + z^{-1} + z^{-2} + \cdots = 1/(1-z^{-1})$. (c) $X(z) = 1/(1-z^{-1}) + 0.5z^{-1}/(1-z^{-1}) = (1+0.5z^{-1})/(1-z^{-1})$ (d) $X(z) = -b^{-1}z - b^{-2}z^2 - b^{-3}z^3 - \cdots = -b^{-1}z(1 + b^{-1}z + b^{-2}z^2 + ...) = -b^{-1}z/(1-b^{-1}z) = 1/(1-bz^{-1})$ (e) $\cos(\omega n)u(n) = 1/2(e^{j\omega n} + e^{-j\omega n})u(n)$ に注意すると，$X(z) = 0.5/(1-e^{j\omega}z^{-1}) + 0.5/(1-e^{-j\omega}z^{-1}) = (1-\cos(\omega)z^{-1})/(1-2\cos(\omega)z^{-1}+z^{-2})$

(2) (a) $Y(z) = 2X(z)$. (b) $Y(z) = 2X(z)z^{-2}$. (c) $Y(z) = 2X(z) + 2X(z)z^{-2}$. (d) $Y(z) = X(-z)$

(3) (a) べき級数展開法より，$x(n) = \delta(n+2) + \delta(n) + 2\delta(n-3)$. (b) $x(n) = (0.5)^n u(n)$. (c) $x(n) = 2(0.5)^{n-1} u(n-1) + u(n)$. (d) $X(z) = (-1)/(1-0.5z^{-1}) + 2/(1-z^{-1})$ と部分分数展開できるので，$x(n) = -(0.5)^n u(n) + 2u(n)$

(4) (a) $H(z) = 1 + az^{-1} + bz^{-2}$. (b) $H(z) = (1 + az^{-1})/(1 + bz^{-1})$. (c) $H(z) = 1/(1 - az^{-1} + bz^{-2})$

(5) 解図 6 参照

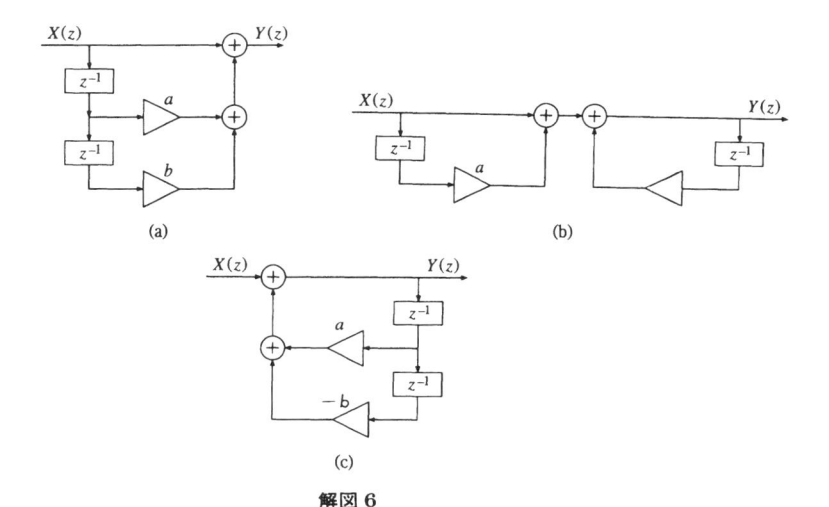

解図 6

(6) (a) $H(e^{j\omega}) = (1 + 2e^{-j\omega} + e^{-j2\omega}) = e^{-j\omega}2(1 + \cos(\omega))$, $A(\omega) = 2(1 + \cos(\omega))$, $\theta(\omega) = -\omega$. (b) $H(z) = (1 + 2z^{-1})/z^{-1}(1 + 2z)$ と変形できるので,
$H(e^{j\omega}) = (1 + 2e^{-j\omega})/(1 + 2e^{j\omega})e^{-j\omega} = \sqrt{(1 + 2\cos(\omega))^2 + (2\sin(\omega))^2}$
$e^{j\theta}/\sqrt{(1+2\cos(\omega))^2+(2\sin(\omega))^2}$, $A(\omega) = 1$, $\theta(\omega) = \tan^{-1}(-2\sin(\omega)/(1+2\cos(\omega)))$
$-\tan^{-1}(2\sin(\omega)/(1+2\cos(\omega))) + \omega$

(7) (a) 極は $z = 0$ に重根で持つ. 安定である. (b) 極は $z = -0.5$ である. 安定である.

(8) (a) $H(z) = 2 - z^{-1} + 2z^{-2}$. (b) $H(z) = 1/(1 - 0.5z^{-1} + 0.5z^{-2})$. (c) $H(z) = (2 - z^{-1} + 2z^{-2})/(1 - 0.5z^{-1})$.

(9) たたみ込みを z 変換すると, まず $\sum_{n=-\infty}^{\infty} \sum_{k=-\infty}^{\infty} x_1(k)x_2(n-k)z^{-n}$
$= \sum_{k=-\infty}^{\infty} x_1(k) \sum_{n=-\infty}^{\infty} x_2(n-k)z^{-n}$ と整理される. 次に, $n - k = p$ とおくと
$\sum_{k=-\infty}^{\infty} x_1(k) \sum_{p=-\infty}^{\infty} x_2(p)z^{-p}z^{-k} = X_2(z) \sum_{k=-\infty}^{\infty} x_1(k)z^{-k} = X_2(z)X_1(z)$
$= X_1(z)X_2(z)$ を得る.

第 4 章

(1) (a) $x_{t0}(t) = 2e^{-j2\Omega_0 t} + e^{-j\pi/4}e^{-j\Omega_0 t} + 1 + e^{j\pi/4}e^{j\Omega_0 t} + 2e^{j2\Omega_0 t} = 1 + 2\cos(\Omega_0 t +$

演習問題解答   187

$\pi/4) + 4\cos(2\Omega_0 t)$. (b) $\Omega_0 = 2\pi/T_0$ から，$T_0 = 0.5[\sec]$

(2) $x(t) = e^{j\pi/2}e^{-j2\Omega_0 t} + 0.5e^{-j\pi/4}e^{-j\Omega_0 t} + 1 + 0.5e^{j\pi/4}e^{j\Omega_0 t} + e^{-j\pi/2}e^{j2\Omega_0 t}$ と変形できる．スペクトルは解図7参照

(3) 解図8参照

(4) 式(4.25)から，解図9参照

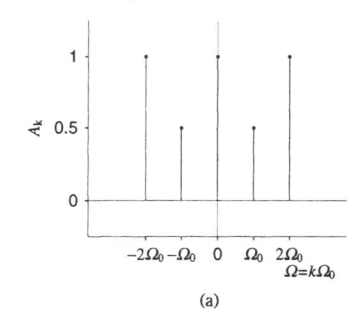

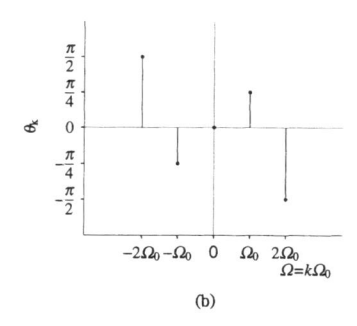

解図 7

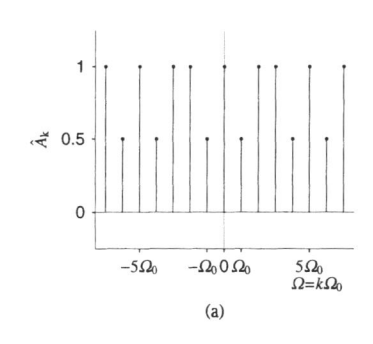

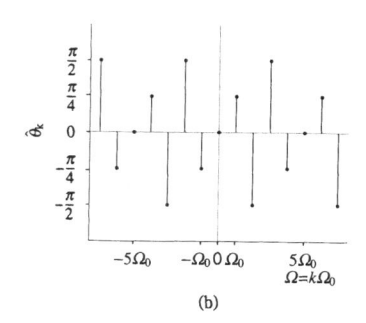

解図 8

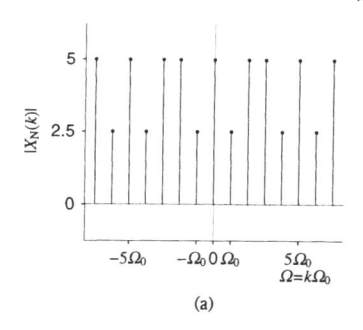

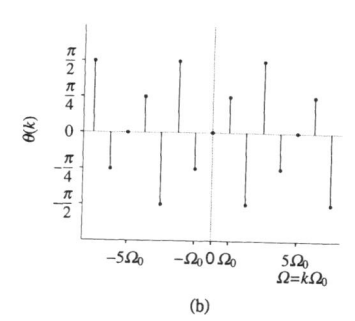

解図 9

(5) 式 (4.26) から,$x(t) = (1/2\pi)\int_{-a}^{a} Ae^{j\Omega t}d\Omega = (A/2\pi)(1/jt)[e^{j\Omega t}]_{-a}^{a}$
$= (A/\pi t)(e^{jat} - e^{-jat})/j2 = (A/\pi t)\sin(at) = (aA/\pi)\sin(at)/at$

(6) 解図 10 参照 (189 頁参照)

(7) 離散時間フーリエ変換を求めると,$X(e^{j\omega}) = e^{j\omega} + 2 + e^{-j\omega} = (2 + 2\cos(\omega))$
離散時間フーリエ級数を求めると $X_4(k) = W_4^k + 2 + W_4^{-k} = (2 + 2\cos(2\pi k/4))$

(8) $F_0 = 2[\text{Hz}]$ に注意すると,この信号の最高周波数は $2F_0 = 4[\text{Hz}]$ である.(a) ゆえに,ナイキスト間隔は,$1/8[\text{sec}]$.(b) $F_s > 8$ に選べばよい.(c) 満たさない.ゆえに,解図 11 の帯域制限が必要である.

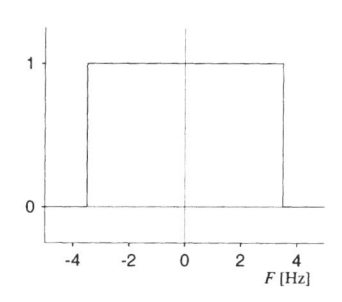

解図 11

(9) 式 (4.24) を式 (4.23) に代入すると $x_N(n) = (1/N)\sum_{k=0}^{N-1}\sum_{p=0}^{N-1} x_N(p) W_N^{pk} W_N^{-nk} = (1/N)\sum_{p=0}^{N-1} x_N(p)\sum_{k=0}^{N-1} W_N^{(p-n)k}$ と整理される.さらに

$$\sum_{k=0}^{N-1} W_N^{(p-n)k} = \begin{cases} 0, & p \neq n \\ N, & p = n \end{cases}$$

に注意すると,$x_N(n) = x_N(n)$ を得る.

第 5 章

(1) 周波数スペクトルの 1 周期を 40 等分する離散化でよい.ゆえに,以下の 40 点の信号を再定義すればよい.$x(n) = \begin{cases} x(n), & n = 0, 1, 2, 3 \\ 0, & n = 4, 5, \cdots, 39 \end{cases}$

(2) 周波数の 1 周期 $F_s = 40[\text{kHz}]$ を DFT 点数当分する.ゆえに,周波数の離散化は,$40/1024[\text{kHz}]$ の細かさで行われる.

(3) $X(k) = 1 + W_4^k + W_4^{3k},\ k = 0, 1, 2, 3$ より,$X(0) = 3,\ X(1) = 1,\ X(2) = -1,\ X(3) = 1$

演習問題解答

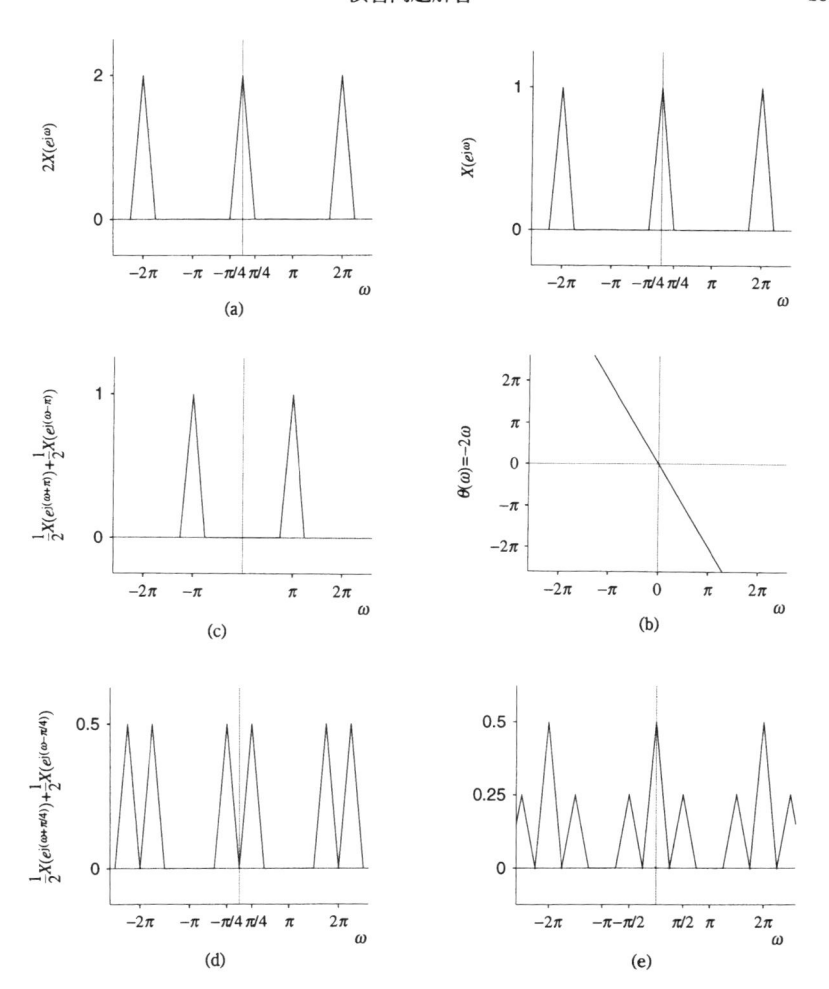

解図 10

(4) $x(n) = (1/4)(1 + W_4^{-k} + W_4^{-3k})$, $k = 0, 1, 2, 3$ より, $x(0) = 3/4$, $x(1) = 1/4$, $x(2) = -1/4$, $x(3) = 1/4$ を得る. $x(0) = X(0)/4$, $x(1) = X(3)/4$, $x(2) = X(2)/2$, $x(3) = X(1)/4$ の関係があり, 5.3.3 の結果と一致する.

(5)
$$\begin{bmatrix} X(0) \\ X(1) \\ X(2) \\ X(3) \end{bmatrix} = \begin{bmatrix} 1 & 0 & 1 & 0 \\ 0 & 1 & 0 & 1 \\ 1 & 0 & -1 & 0 \\ 0 & 1 & 0 & -1 \end{bmatrix} \begin{bmatrix} 1 & 0 & 0 & 0 \\ 0 & 1 & 0 & 0 \\ 0 & 0 & W_4^0 & 0 \\ 0 & 0 & 0 & W_4^1 \end{bmatrix}$$
$$\begin{bmatrix} 1 & 1 & 0 & 0 \\ 1 & -1 & 0 & 0 \\ 0 & 0 & 1 & 1 \\ 0 & 0 & 1 & -1 \end{bmatrix} \begin{bmatrix} x(0) \\ x(2) \\ x(1) \\ x(3) \end{bmatrix}$$

(6) $x(at)$ を式 (4.27) のフーリエ変換の式に代入する. すなわち $\int_{-\infty}^{\infty} x(at)\, e^{-j\Omega t} dt$ である. a を正と仮定し, $at = p$ とおくと, $(1/a)\int_{-\infty}^{\infty} x(p)\, e^{-j(\Omega p/a)}\, dp = (1/a)X(\Omega/a)$ を得る. 次に, a を負と仮定し, $at = p$ とおくと $(1/a)\int_{\infty}^{-\infty} x(p) e^{-j(\Omega p/a)} dp = (-1/a)X(\Omega/a)$ を得る. ゆえに, $x(at)$ のフーリエ変換は $(1/|a|)X(\Omega/a)$ となる.

第 6 章

(1) 解図 12参照

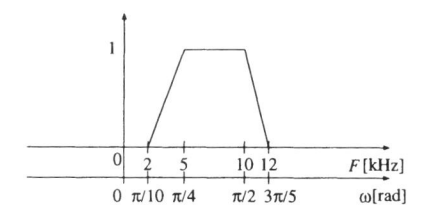

解図 12

(2) (a) 直線位相, 場合 1. (b) 直線位相, 場合 3. (c) 直線位相ではない.

(3) $H(e^{j\omega}) = 1 + 2e^{-j\omega} + e^{-j2\omega} = (2\cos(\omega) + 2)e^{-j\omega}$, $A(\omega) = (2\cos(\omega) + 2)$, $\theta(\omega) = -\omega$, $n_d = -1$

(4) 解図 13参照

(5) 解図 14参照

(a) 直接型　　　　　　　　　　(b) 転置型

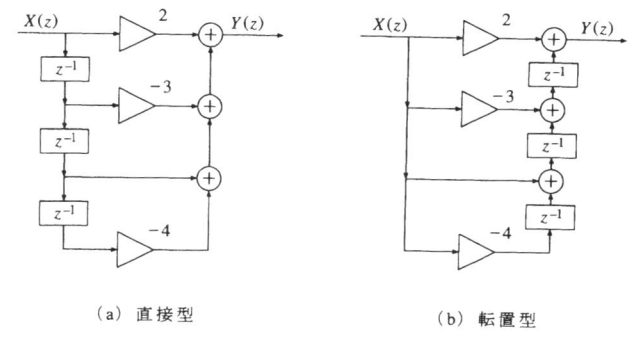

解図 13

(6) (a)IIR フィルタ. (b)$H(z) = (1-2z^{-1})/(1+0.5z^{-1})$. (c) 極は $z = -0.5$ であるので，安定．

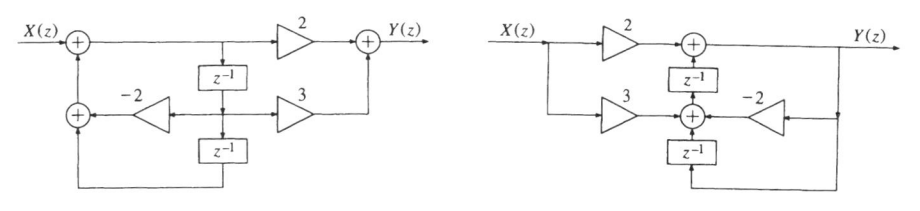

(a) 直接型-II　　　　　　　　　　(b) 転置型

解図 14

第 7 章

(1) 各画素が1ビットなので，$100 \times 100 \times 10 \times 60 = 60 \times 10^5$ ビット

(2) $f(x,y) = e^{-j(2\pi x + 4\pi y)} + 2 + e^{j(2\pi x + 4\pi y)} = 2 + 2\cos(2\pi x + 4\pi y)$

(3) (a) 解図 15(a) 参照． (b) 解図 15(b) 参照．

(4) $F(e^{j\omega_1}, e^{j\omega_2}) = (1/4)(1 + e^{-j\omega_1} + e^{-j2\omega_1} + e^{-j3\omega_1}) = (1/4)(e^{j3\omega_1/2} + e^{j\omega_1/2} +$

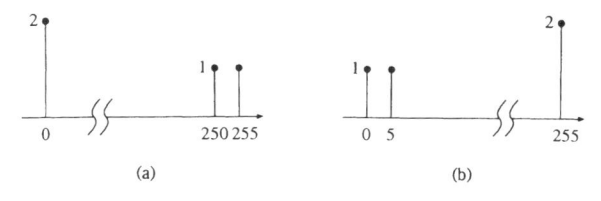

解図 15

$e^{-j\omega_1/2} + e^{-j3\omega_1/2})e^{-j3\omega_1/2}$, $A(\omega_1,\omega_2) = (1/4)(e^{j3\omega_1/2} + e^{j\omega_1/2} + e^{-j\omega_1/2} + e^{-j3\omega_1/2}) = \dfrac{1}{2}\left(\cos(3\omega_1/2) + \cos(\omega_1/2)\right)$, $\theta(\omega_1,\omega_2) = -3\omega_1/2$

第 8 章

(1) 解図 16参照.

(2) $X(z_1,z_2) = 1 + z_1^{-1} + z_2^{-1} + z_1^{-1}z_2^{-1}$, $H(z_1,z_2) = 1 + z_1^{-1}z_2^{-1}$ となり, $Y(z_1,z_2) = H(z_1,z_2)X(z_1,z_2) = 1 + z_1^{-1} + z_2^{-1} + 2z_1^{-1}z_2^{-1} + z_1^{-2}z_2^{-1} + z_1^{-1}z_2^{-2} + z_1^{-2}z_2^{-2}$

(3) (a) $h(n_1,n_2) = (1/4)(\delta(n_1,n_2) - \delta(n_1-1,n_2) - \delta(n_1,n_2-1) + \delta(n_1-1,n_2-1))$, (b) $H(z_1,z_2) = (1/4)(1 - z_1^{-1} - z_2^{-1} + z_1^{-1}z_2^{-1})$, (c) $H(e^{j\omega_1},e^{j\omega_2}) = (1/4)(1 - e^{-j\omega_1} - e^{-j\omega_2} + e^{-j(\omega_1+\omega_2)}) = (1/4)(e^{j\omega_1/2} - e^{-j\omega_1/2})(e^{j\omega_2/2} - e^{-j\omega_2/2})e^{-j(\omega_1/2+\omega_2/2)} = (1/4)(2j\sin(\omega_1/2))(2j\sin(\omega_2/2))\,e^{-j(\omega_1/2+\omega_2/2)} = \sin(\omega_1/2)\sin(\omega_2/2)e^{-j(\omega_1/2+\omega_2/2+\pi)}$, $A(\omega_1,\omega_2) = \sin(\omega_1/2)\sin(\omega_2/2)$, $\theta(\omega_1,\omega_2) = -(\omega_1/2 + \omega_2/2 + \pi)$

(4) 解図 17参照.

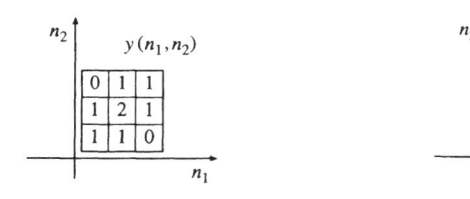

解図 16

解図 17

索　引
(五十音順)

あ　行

アナログ信号 …………………………… 7
アナログ―ディジタル変換 ……… 92
アナログフィルタ ……………………118
安定性 ……………………………… 48, 120
安定なシステム …………………… 33

位相スペクトル ………………………… 71
位相特性 ………………………52, 121, 173
位相ひずみ ……………………………124
因果性 ……………………………………132
因果性システム ……………………20, 32
インパルス ……………………………… 16
インパルス応答 ……………………21, 168
インパルス応答の対称性 ………127

エリアジング ……………………… 78, 89
エリアジング係数 …………………… 77

か　行

階調 ………………………………… 141, 144
階調変換 ……………………………… 149
画素 …………………………………… 143
過渡域 ………………………………… 123
カラー画像 ……………………… 140, 145

基本周波数 …………………………… 68
逆 z 変換 ……………………………… 48
行列分解法 …………………………… 160

空間シフト ……………………………171

空間周波数 ……………………………152
群遅延量 ………………………………122

極 ………………………………………… 47

高域通過フィルタ ………… 120, 176
高速フーリエ変換 ………… 99, 159

さ　行

再帰型システム ……………………… 28
サイドローブ …………………………112
サンプリング ………… 3, 74, 143, 154
サンプリング間隔 …………………… 3
サンプリング周期 …………………… 3
サンプリング周波数 ………………… 4
サンプリング定理 …………………… 91
サンプル値 …………………………… 3
サンプル値信号 ……………………… 7

時間シフト ……………………… 39, 87
時間領域表現 ……………………56, 70
自然階調画像 ………………………140
実フーリエ級数 ……………………… 69
シフト不変システム …………18, 167
時不変数 ……………………………… 18
周期 …………………………………… 3
縦続型構成 ……………………… 61, 137
周波数 ………………………………… 3
周波数解析 …………………………… 66
周波数シフト ………………………… 87
周波数特性 ………… 52, 128, 170, 172
周波数領域 …………………………… 70

周波数領域表現 …………… 70, 153
初期位相 ………………………… 3
初期休止条件 …………………… 30
白黒画像 ……………………… 140
信号処理システム ……………… 13
信号の次元 …………………… 142
振幅スペクトル ………………… 71
振幅特性 ……………… 52, 130, 173

垂直周波数 …………………… 152
水平周波数 …………………… 152

正規化角周波数 ………………… 9
正規化周波数 …………………… 9
正規化表現 ……………………… 8
正弦波信号 …………………… 2, 15
静止画像 ……………………… 140
遷移域 ………………………… 123
線形システム …………………… 19
線形時不変システム ……… 20, 167
線形性 ……………… 18, 39, 86, 171
線スペクトル …………………… 71

窓関数 ………………… 110, 132
阻止域 ………………………… 120

た 行

帯域制限信号 …………… 78, 89
帯域阻止フィルタ ………… 120
帯域通過フィルタ ………… 120
多次元正弦波信号 ………… 152
多次元ディジタルフィルタ …… 166
多次元フーリエ解析法 ………… 156
たたみ込み ……… 21, 40, 87, 168, 171
単位サンプル信号 ……………… 16
単位ステップ信号 ……………… 16

中間調画像 …………………… 140
直接型構成 …………………… 134
直接型構成-Ⅰ ………………… 136
直接型構成-Ⅱ ………………… 136
直線位相特性 ………………… 120
直線位相フィルタ …… 122, 124, 173
直線たたみ込み …………… 21, 168

通過域 ………………………… 120

低域通過フィルタ ………… 120, 176
定係数差分方程式 ……………… 29
ディジタル―アナログ変換 …… 92
ディジタル信号 ………………… 7
ディジタルフィルタ ………… 118
伝達関数 ………………… 41, 172
伝達関数の次数 ……… 43, 46, 120
転置型構成 ……………… 134, 136

動画像 ………………………… 140

な 行

ナイキスト …………………… 79, 91

濃度補正 ……………………… 147

は 行

バタフライ演算 ……………… 106
ハミング窓 …………………… 115

非再帰型システム ………… 28, 42
ヒストグラム ………………… 147
非正規化表現 …………………… 9
非分離型信号 ………………… 165
標本化 …………………………… 3

フーリエ解析······················66, 156
フーリエ級数 ·······················66, 68
フーリエ係数······························68
フーリエ変換·······················66, 80
フィードバック···························27
複素正弦波信号···························16
複素フーリエ級数·························68
部分分数展開法···························50
分離型システム·························168
分離型信号························165, 171
分離型フィルタ··················168, 174
分離処理······························160

並列型構成··························62, 138
べき級数展開法···························48

方形窓····································113

ま 行

無限インパルス応答·····················29

メインローブ····························112

や 行

有限インパルス応答·····················29
有限入力有限出力安定··················33

ら 行

離散時間信号······························8
離散時間フーリエ級数······66, 74, 79
離散時間フーリエ係数··················79
離散時間フーリエ変換·········66, 82
離散スペクトル··························71
離散フーリエ変換··········67, 96, 159

理想フィルタ···························122
量子化·································5, 144
量子化誤差·································5
量子化ステップ···························5

零次ホールド···························151
零点·······································47
連続時間信号·····························8
連続スペクトル···························81

＜欧文＞

BIBO 安定································33
DFT ································98, 159
FFT·······································99
FIR システム·····························29
FIR フィルタ······················119, 134
IIR システム·····························29
IIR フィルタ······················119, 135
NTSC····································146
RGB·····································145
YCbCr···································146
YIQ······································146
z 変換······················37, 85, 170
z 領域表現······························56

1 次元信号·······························142
2 次元信号·······························142
2 次元正弦波信号·······················152
2 次元単位インパルス信号·······164
2 次元単位ステップ信号·········165
2 値画像·································140
3 次元信号·······························142
3 点平均··································13

〈著者略歴〉

貴 家 仁 志（きゃ　ひとし）

工学博士
1982 年　長岡技術科学大学大学院修士課程修了
2000 年　東京都立大学工学部教授
現　在　東京都立大学システムデザイン学部
　　　　情報科学科教授

- 本書の内容に関する質問は，オーム社ホームページの「サポート」から，「お問合せ」の「書籍に関するお問合せ」をご参照いただくか，または書状にてオーム社編集局宛にお願いします．お受けできる質問は本書で紹介した内容に限らせていただきます．なお，電話での質問にはお答えできませんので，あらかじめご了承ください．
- 万一，落丁・乱丁の場合は，送料当社負担でお取替えいたします．当社販売課宛にお送りください．
- 本書の一部の複写複製を希望される場合は，本書扉裏を参照してください．
  JCOPY＜出版者著作権管理機構 委託出版物＞
- 本書は，昭晃堂から発行されていた「ディジタル信号処理」をオーム社から発行するものです．

ディジタル信号処理

2014 年 8 月 20 日　第 1 版第 1 刷発行
2023 年 6 月 10 日　第 1 版第 10 刷発行

著　　者　貴 家 仁 志
発 行 者　村 上 和 夫
発 行 所　株式会社オーム社
　　　　　郵便番号　101-8460
　　　　　東京都千代田区神田錦町 3-1
　　　　　電話　03(3233)0641(代表)
　　　　　URL　https://www.ohmsha.co.jp/

© 貴家仁志 2014

印刷　千修　製本　協栄製本
ISBN978-4-274-21607-7　Printed in Japan

現代電子情報通信選書

知識の森

感覚・知覚・認知の基礎
◎乾 敏郎 監修　◎電子情報通信学会 編　◎A5判・282頁　◎定価(本体3800円【税別】)
●主要目次
明るさと色の感覚／聴覚と音声／触覚と体性感覚／味嗅覚／視覚系の空間周波数特性／運動視／立体視／知覚と記憶における特徴の統合／3D物体の認知／形とイメージ／絵画の知覚・認知／空間のイメージ／身体のイメージ／文字と単語の認知／記憶の分類／記憶の符号化と検索

医療情報システム
◎黒田 知宏 監修　◎電子情報通信学会 編　◎A5判・222頁　◎定価(本体3000円【税別】)
●主要目次
病院情報システム／医事会計と病院経営／医療業務とオーダエントリー／記録情報の管理／端末群とネットワーク／物流管理への貢献／医療安全への貢献／部門の情報管理／診療記録の活用／診療画像情報の活用／遠隔医療／医療情報の共有と活用／医療情報の未来

画像入力とカメラ
◎寺西 信一 監修　◎電子情報通信学会 編　◎A5判・404頁　◎定価(本体5000円【税別】)
●主要目次
■1部 撮像デバイス　撮像デバイスの歴史と基礎／代表的な撮像デバイス／特徴ある撮像デバイス／撮像デバイスを支える技術／■2部 カメラ　カメラの基礎／カメラの光学系／放送用・家庭用カメラ／各種カメラ／カメラ機能■3部 不可視画像入力　赤外線／テラヘルツ／生体認証 —デバイスと応用／超音波／pH, イオン —デバイスと応用

宇宙太陽発電
◎篠原 真毅 監修　◎電子情報通信学会 編　◎A5判・312頁　◎定価(本体3800円【税別】)
●主要目次
宇宙太陽発電／宇宙太陽発電のためのマイクロ波無線電力伝送技術／地上受電システム／マイクロ波無線電力伝送の地上応用／SPS無線送電の影響

電子システムの電磁ノイズ —評価と対策—
◎井上 浩 監修　◎電子情報通信学会 編　◎A5判・240頁　◎定価(本体3400円【税別】)
●主要目次
電子システムを取り巻く電磁環境／電磁波ノイズ発生と伝搬の基礎理論／システムと回路の電磁環境設計／放電と電磁ノイズ／電磁環境用材料の設計と評価手法／電磁ノイズの計測と評価

マイクロ波伝送・回路デバイスの基礎
◎橋本 修 監修　◎電子情報通信学会 編　◎A5判・200頁　◎定価(本体3000円【税別】)
●主要目次
マイクロ波伝送・回路デバイスの概要／伝送線路理論と伝送モード／平面導波路／各種導波路／受動回路素子／能動回路

もっと詳しい情報をお届けできます。
◎書店に商品がない場合または直接ご注文の場合も右記宛にご連絡ください。

ホームページ　http://www.ohmsha.co.jp/
TEL／FAX　TEL.03-3233-0643　FAX.03-3233-3440

(定価は変更される場合があります)

新インターユニバーシティシリーズ のご紹介

- 全体を「共通基礎」「電気エネルギー」「電子・デバイス」「通信・信号処理」「計測・制御」「情報・メディア」の6部門で構成
- 現在のカリキュラムを総合的に精査して，セメスタ制に最適な書目構成をとり，どの巻も各章1講義，全体を半期2単位の講義で終えられるよう内容を構成
- 実際の講義では担当教員が内容を補足しながら教えることを前提として，簡潔な表現のテキスト，わかりやすく工夫された図表でまとめたコンパクトな紙面
- 研究・教育に実績のある，経験豊かな大学教授陣による編集・執筆

各巻 定価(本体2300円【税別】)

暗号とセキュリティ
神保 雅一 編著 ■ A5判・186頁

【主要目次】 暗号とセキュリティの学び方／暗号の基礎数理／鍵交換／RSA暗号／エルガマル暗号／ハッシュ関数／デジタル署名／共通鍵暗号1／共通鍵暗号2／プロトコルの理論と応用／ネットワークセキュリティとメディアセキュリティ／法律と行政の動き／セキュリティと社会

確率と確率過程
武田 一哉 編著 ■ A5判・160頁

【主要目次】 確率と確率過程の学び方／確率論の基礎／確率変数／多変数と確率分布／離散分布／連続分布／特性関数／分布限界，大数の法則，中心極限定理／推定／統計的検定／確率過程／相関関数とスペクトル／予測と推定

情報ネットワーク
佐藤 健一 編著 ■ A5判・172頁

【主要目次】 情報ネットワークの学び方／情報ネットワークの基礎(1)／情報ネットワークの基礎(2)／情報ネットワークの基礎(3)／インターネットとそのプロトコル／イーサーネットとインターネット・プロトコル／インターネット・プロトコルとインターネットワーク／待ち行列理論(1)／待ち行列理論(2)／待ち行列理論(3)／広域ネットワーク構成技術(1)／広域ネットワーク構成技術(2)／広域ネットワーク構成技術(3)

インターネットとWeb技術
松尾 啓志 編著 ■ A5判・176頁

【主要目次】 インターネットとWeb技術の学び方／インターネットの歴史と今後／インターネットを支える技術／World Wide Web／SSL／TTS／HTML，CSS／Webプログラミング／データベース／Webアプリケーション／Webシステム構成／ネットワークのセキュリティと心得／インターネットとオープンソフトウェア／ウェブの時代からクラウドの時代へ

メディア情報処理
末永 康仁 編著 ■ A5判・176頁

【主要目次】 メディア情報処理の学び方／音声の基礎／音声の分析／音声の合成／音声認識の基礎／連続音声の認識／音声認識の応用／画像の入力と表現／画像処理の形態／2値画像処理／画像の認識／画像の生成／画像応用システム

電子回路
岩田 聡 編著 ■ A5判・168頁

【主要目次】 電子回路の学び方／信号とデバイス／回路の働き／等価回路の考え方／小信号を増幅する／組み合わせて使う／差動信号を増幅する／電力増幅回路／負帰還増幅回路／発振回路／オペアンプ／オペアンプの実際／MOSアナログ回路

ディジタル回路
田所 嘉昭 編著 ■ A5判・180頁

【主要目次】 ディジタル回路の学び方／ディジタル回路に使われる素子の働き／スイッチングする回路の性能／基本論理ゲート回路／組合せ論理回路（基礎／設計）／順序論理回路／演算回路／メモリとプログラマブルデバイス／A-D，D-A変換回路／回路設計とシミュレーション

論理回路
髙木 直史 編著 ■ A5判・166頁

【主要目次】 論理回路の学び方／2進数／論理代数と論理関数／論理関数の表現／論理関数の諸性質／組合せ回路／二段組合せ回路の設計(1)／二段組合せ回路の設計(2)／多段組合せ回路の設計／同期式順序回路とフリップフロップ／同期式順序回路の解析／同期式順序回路の設計／有限状態機械

もっと詳しい情報をお届けできます．
※書店に商品がない場合または直接ご注文の場合も右記宛にご連絡ください．

ホームページ http://www.ohmsha.co.jp/
TEL/FAX TEL.03-3233-0643 FAX.03-3233-3440

(定価は変更される場合があります)

F-1310-169